3dsmax+VRay 全空间家装效果图表现

◎陈志民 黄华 主编

机 械 工 业 出 版 社

本书通过客厅、卧室、书房、厨房、卫生间等典型案例，全面讲解了高品质家装效果图的表现方法和技巧。

全书共 11 章，第 1 章介绍了效果图表现必须掌握的色彩与构图的基本知识；第 2 章~第 4 章，介绍了 VRay 渲染器、VRay 灯光和 VRay 材质的基础知识；第 5 章~第 11 章通过客厅、卧室、厨房、书房、卫生间、户型图等不同类型、不同风格的室内家装案例，全面剖析了室内家装效果图的制作步骤、VRay 渲染技巧和 Photoshop 最终后期处理方法。

通过学习不同场景的材质设置技巧、布光思路和创建流程，读者可以全面提升家装效果图的表现功底与水平，轻松制作出超写实风格的三维作品。

本书配有多媒体 DVD 教学光盘。内容包括全部的案例模型、贴图等源文件，以及书中所有案例的视频教学录像，供读者在学习过程中参考，可以起到事半功倍的效果。

本书内容丰富、案例精彩、技术实用，适合于有一定软件操作基础及从事室内装饰设计的人员和 CG 爱好者阅读。

图书在版编目（CIP）数据

3ds max+VRay 全空间家装效果图表现/陈志民，黄华主编.—2 版.—北京：机械工业出版社，2014.12（2022.1 重印）
ISBN 978-7-111-48548-3

Ⅰ．①3… Ⅱ．①陈… ②黄… Ⅲ．①室内装饰设计—计算机辅助设计—三维动画软件 Ⅳ．①TU238-39

中国版本图书馆 CIP 数据核字(2014)第 266027 号

机械工业出版社（北京市百万庄大街 22 号　邮政编码 100037）
策划编辑：曲彩云　　　　责任印制：郜　敏
北京中兴印刷有限公司印刷
2022 年 1 月第 2 版第 2 次印刷
184mm×260mm・21.25 印张・523 千字
3001－4000 册
标准书号：ISBN 978-7-111-48548-3
　　　　　ISBN 978-7-89405-610-8（光盘）
定价：59.00 元（含 1DVD）

凡购本书，如有缺页、倒页、脱页，由本社发行部调换
电话服务　　　　　　　　　网络服务
服务咨询热线：010-88361066　机工官网：www.cmpbook.com
读者购书热线：010-68326294　机工官博：weibo.com/cmp1952
　　　　　　　010-88379203　金书网：www.golden-book.com
封面无防伪标均为盗版　　　教育服务网：www.cmpedu.com

前言 PREFACE

【关于 VRay】

随着效果图表现领域的不断成熟和完善，效果图的质量对设计师和客户来说尤为重要，它不仅真实地反映设计师的设计理念，更是可以给客户最为直观的展现。而令人欣喜的是，大量全局照明高级渲染器的出现，为效果图的表现提供了捷径，使设计师能够从繁琐的布光过程中解脱出来，工作效率获得了极大的提升。追求效果真实和照片级品质，已经成为当代设计师的不二选择。

VRay 渲染器是 Chaos Group 公司开发的一款渲染插件，凭借其优良的渲染品质和惊人的渲染速度，已经成为近年来设计师手中最流行的渲染工具。很多高难度的材质、灯光效果，在 VRay 渲染器中都可以轻易实现。

【本书结构】

全书共 11 章，第 1 章介绍了效果图表现必须掌握的色彩与构图的基本知识；第 2 章~第 4 章，介绍了 VRay 渲染器、VRay 灯光和 VRay 材质的基础知识；第 5 章~第 11 章通过客厅、卧室、厨房、书房、卫生间、户型图等不同类型、不同风格的室内家装案例，全面剖析了室内家装效果图的制作步骤、VRay 渲染技巧和 Photoshop 最终后期处理方法。

在这些不同类型的空间中分别采用了不一样的表现气氛，其目的是让读者学会不同空间不同氛围的表现技法。并通过学习不同场景的材质设置技巧、布光思路和创建流程，全面提升家装效果图的表现功底与水平，轻松制作出照片级别的三维作品。

本书内容丰富，结构清晰，为了方便读者自学，特别提供本书中所有案例的视频教学录像，读者可以通过盘书结合的方式进行学习，以成倍提高学习效率。

【学习心得】

依据编者的学习经验，VRay 是一个较为简单的软件，这也是为什么越来越多的设计人员喜爱此软件的原因，其学习重点是对不同渲染任务的布光与材质思路的掌握。

按照编者的理念，将效果图流派分为表现派和写实派，表现派中以效果图强烈的色彩对比和图像锐利度为主要核心；而写实派着重追求一种真实的美感，以自然存在的光影世界为基础再加以美化，形成自然和人为的结合达成的美学。

当然要提升效果图的制作水平，首先要学会欣赏，培养审美观念；然后就是学会临摹，多做测试，多做练习，深入了解每个渲染参数的内在含义，并达到借他人的为己用的地步。

【本书编者】

本书由陈志民、黄华主编，参加编写的还有江凡、张洁、马梅桂、戴京京、骆天、胡丹、陈运炳、申玉秀、李红萍、李红艺、李红术、陈云香、陈文香、陈军云、彭斌全、林小群、刘清平、钟睦、刘里锋、朱海涛、廖博、喻文明、易盛、陈晶、张绍华、黄柯、何凯、陈文轶、杨少波、杨芳、刘有良、刘珊、赵祖欣、齐慧明等。

由于编者水平有限，书中错误、疏漏之处在所难免。在感谢您选择本书的同时，也希望您能够把对本书的意见和建议告诉我们。

编者 邮箱：lushanbook@gmail.com

读者QQ群：327209040。

编　者

目录 CONTENTS

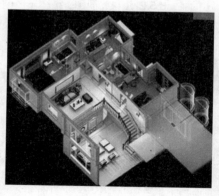

第 **1** 章
色彩与构图

本章重点:

📖 色彩

📖 构图

1.1 色彩

1.1.1 色彩最直接的美感

我们常说生活多姿多彩，的确我们的生活空间是因为各种色彩而让人流连忘返。人进入某个空间，最初几秒钟内得到的印象75%来自对色彩的感觉，然后才会去理解形体。而在室内效果图的表现中，一幅优秀的表现作品的颜色必定是经过精心的搭配与合理的应用的，因此对色彩的基础理论进行全面了解是在进行三维软件学习之前所必需的。

1.1.2 了解色彩构成

色彩构成是针对色彩的产生、原理以及人对色彩的感知与应用进行研究的学科，具体包括对色彩组合规律、创建方式等内容，是一个科学化、系统化的色彩训练方式，它从色彩创建学出发，对新的、美的对象进行探索与开发，使我们对色彩美感的构成形式有更多、更清晰、更深刻的认知。

色彩构成首先关注的是人对色彩的知觉与心理效果，旨在用一定的色彩组合规律构成空间元素的相互关系，创造出新的，理想的色彩效果以满足人的色彩审美需求。

色彩构成的原则是将创造色彩关系的各种因素，以朴素的方式进行分析与研究。它重视的是总结归纳在探索色彩规律过程中的手段与经验，而不倾向于结果的产生。

色彩构成的最终目的在于培养对于视觉艺术形式的创造性思维方式。

综上所述，可以发现在室内效果的表现中色彩构成对于画面美感的表现有着直接的关系，它不但能决定某幅作品给人的直观感受，从而产生接受与否的心理，同时也能体现出设计师对色彩的认识水平与掌控能力，因此要准确把握好色彩关系，需要对色彩构成知识有一个全面的了解，首先了解的是色彩基础。

1.1.3 色彩基础

什么是色彩？

色彩，可分为有彩色和无彩色两种：有彩色为红、橙、黄、绿、青、蓝、紫，无彩色为黑、白、灰。

从物理的角度进行分析，有彩色具备光谱上的某种或某些色相，统称为彩调。而无彩色顾名思义就是没有彩调，它只有明与暗的变化，表现为黑、白、灰，也称色调。

上面所说的是一些十分抽象的概念，借助于图1-1所示的Photoshop中的色相/饱和度对话框则可以进行形象的了解。

不管色彩多么复杂，都是由图1-1中色相、饱和度与明度三项参数共同控制，比如色相决定有彩色属于红、橙、黄、绿、青、蓝、紫中的任一种，而如果确定色相是红色时，那么饱和度参数又可以决定其属于浅红还是暗红或是其他红色，最后由明度参数决定其明暗程度（读者可以打开Photoshop软件进行调整，加强对有彩色控制的认识）。

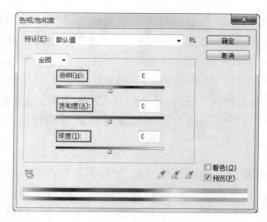

图 1-1　色相/饱和度对话框

无彩色则可单独由明度这一个参数控制，只能控制无彩色的明与暗。

此时相信大家都已经知道色彩原来是与色相、饱和度与明度有着十分密切的联系，它们统称为色彩的三要素，那么色相、饱和度与明度这三要素又是什么呢？

1. 色相

最原始的基本色相为：红、橙、黄、绿、青、蓝、紫。在这些基本色相中间加插一两个中间色，就有了 12 种基本色相，按光谱顺序为：红、红橙、橙、黄橙、黄、黄绿、绿、蓝绿、蓝、蓝紫、紫、红紫。

以上的 12 种色相的彩调变化，在光谱色感上是均匀的，如果再进一步找出其中间色，便可以得到 24 种色相；此时再将光谱中的红、黄橙、绿、蓝、紫诸色带圈起来，在红和紫之间插入半幅，构成环形的色相关系，便称为色相环。基本色相间取中间色，可以得到如图 1-2 所示的 12 色相环；如果再进一步便是 24 色相环，如图 1-3 所示。观察两张示意图可知在色相环内，各彩调按不同角度进行排列，12 色相环内每一色间隔 30°，24 色相环内每一色间隔 15°。

但无论是 12 色相环还是 24 色相环对色相都没有进行准确的书面定义，P.C.C.S 制色则对色相制作了较规则的统一名称与符号，如图 1-4 所示。

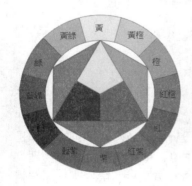

图 1-2　12 色相环

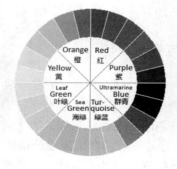

图 1-3　24 色相环

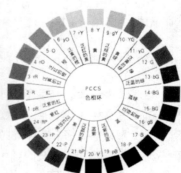

图 1-4　P.C.C.S 制色

观察图 1-4 可知，P.C.C.S 制色不但对各个色彩进行了统一的书面描述如泛绿的蓝、泛紫的红等，而且对所有的色相都进行了字母标示，其中红、橙、黄、绿、蓝、紫都只用了一个英文字母进行表示，习惯上我们称这些颜色为正色；由比例相同的色彩进行混合生成的色彩，即等量混色则用了并列的两个大写字母进行表示；而不等量混色，主要用大写字母表示。唯一例外的是蓝紫色用 V 而不用 BP。V 是英文紫罗兰[violet]的首字母，为色相编上字母标示后，便于进行记忆同时在进行交流时也更准确便捷。

2．饱和度

同一种色相由于其纯度的强弱的变化可以产生不同的色彩，同时给人地心理感受也会有相应的区别。比如红色，可以分为鲜艳纯质的纯红，妩媚浪漫的粉红等，它们在色相上都属于红，唯一的区别在其饱和度上，饱和度越低，色越涩，越混浊，饱和度越高，色越纯，越艳丽，纯色则是饱和度最高的一级。

3．明度

由于无彩色只有明度这一个控制参数，因此从无彩色入手可以十分形象地阐述明度这个概念，如图 1-5 所示，打开 Photoshop 并新建一个图层，选择一个矩形区域，打开"色相/饱和度"对话框，明度滑块置于默认位置时，其保持白色；将滑块调整至最右侧时，由于明度降到了最低，此时矩形内呈纯度最高的黑色；而当滑块位于其中的某一个数值时，矩形内则呈现某一强度的灰色。

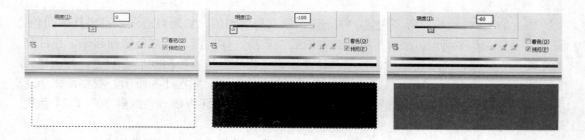

图 1-5　明度与无彩色的调整

当矩形中填充了某种有彩色时，此时再调整明度，可以得到的色彩可以理解为此时对应的无彩色与填充的有彩色之间的混合色。

1.1.4　色彩的物理、生理与心理效应

心理学家认为，色彩直接诉诸人的情感体验。它是一种情感语言，它所表达的是一种人类内在生命中某些极为复杂的感受。梵高说：没有不好的颜色，只有不好的搭配。而在最能体现人敏感，多情的特性并与人的生活息息相关的室内设计中，色彩几乎可被称作是其"灵魂"。有经验的设计师十分注重色彩在室内设计中的作用，重视色彩对人的物理、心理和生理的作用。它们利用人们对色彩的视觉感受，来创造富有个性、层次、秩序与情调的环境，从而达到事半功倍的效果。

色彩是设计中最具表现力和感染力的因素，它通过人们的视觉感受产生一系列的生

理、心理和类似物理的效应，形成丰富的联想、深刻的寓意和象征。在室内环境中色彩应主要应满足其功能和精神要求，目的在于使人们感到舒适。色彩本身具有一些特性，在室内设计中充分发挥和利用这些特性，将会赋予设计感人的魅力，并使室内空间大放异彩。

1. 色彩的物理效应

色彩对人引起的视觉效果反应在物理性质方面，如冷暖、远近、轻重、大小等，色彩的物理作用在室内设计中可以大显身手。

❑ 温度感

在色彩学中，把不同色相的色彩分为热色、冷色和温色，从红紫、红、橙、黄到黄绿色称为热色，以橙色最热。从青紫、青至青绿色称冷色，以青色为最冷。紫色是红色与青色混合而成，绿色是黄色与青色混合而成，因此是温色。这和人类长期的感觉经验是一致的，如红色、黄色，让人似看到太阳、火、炼钢炉等，感觉热；而青色、绿色，让人似看到江河湖海、绿色的田野、森林，感觉凉爽。

❑ 距离感

色彩可以使人感觉进退、凹凸、远近的不同，一般暖色系和明度高的色彩具有前进、凸出、接近的效果，而冷色系和明度较低的色彩则具有后退、凹进、远离的效果。室内设计中常利用色彩的这些特点去改变空间的大小和高低。例如居室空间过高时，可用近感色，减弱空旷感，提高亲切感；墙面过大时，宜采用收缩色；柱子过细时，宜用浅色；柱子过粗时，宜用深色，减弱笨粗之感。

❑ 重量感

色彩的重量感主要取决于明度和纯度，明度和纯度高的显得轻，如桃红、浅黄色。在室内设计的构图中常以此达到平衡和稳定的需要，以及表现性格的需要如轻飘、庄重等。

❑ 尺度感

色彩对物体大小的作用，包括色相和明度两个因素。暖色和明度高的色彩具有扩散作用，因此物体显得大，而冷色和暗色则具有内聚作用，因此物体显得小。不同的明度和冷暖有时也通过对比作用显示出来，室内不同家具、物体的大小和整个室内空间的色彩处理有密切的关系，可以利用色彩来改变物体的尺度、体积和空间感，使室内各部分之间关系更为协调。

2. 色彩对人的生理和心理反应

色彩有着丰富的含义和象征，人们对不同的色彩表现出不同的好恶，这种心理反应，常常是因人们生活经验以及由色彩引起的联想造成的，此外也和人的年龄、性格、素养、民族、习惯分不开。例如看到红色，联想到太阳，万物生命之源，从而感到崇敬、伟大，也可以联想到血，感到不安、野蛮等。看到黄绿色，联想到植物发芽生长，感觉到春天的来临，于是把它代表青春、活力、希望、发展、和平等。看到黄色，似阳光普照大地，感到明朗、活跃、兴奋。色彩在心理上的物理效应，如冷热、远近、轻重、大小等；感情刺激，如兴奋、消沉、开朗、抑郁、动乱、镇静等；象征意象，如庄严、轻快、刚、柔、富丽、简朴等，被人们像魔法一样地用来创造心理空间，表现内心情绪，反映思想感情。

1.1.5 室内设计色彩的运用原则

在学习完以上的色彩基础理论后，相信大家一时半会也难以将其运用于室内设计的效果图的绘制中，个人对色彩的掌握与运用是需要长时间积累的，因此笔者总结归纳了一些室内设计配色的基本原则，利用这些原则可以使我们在较短的时间内拥有利用色彩服务于整体的空间设计能力。

1. 整体统一的规律

在室内设计中色彩的和谐性就如同音乐的节奏与和声。在室内环境中，各种色彩相互作用于空间中，和谐与对比是最根本的关系，如何恰如其分地处理这种关系是创造室内空间气氛的关键。色彩的协调意味着色彩三要素——色相、明度和纯度之间的靠近，从而产生一种统一感，但要避免过于平淡、沉闷与单调。因此，色彩的和谐应表现为对比中的和谐、对比中的衬托（其中包括冷暖对比、明暗对比、纯度对比）。

2. 人对色彩的感情规律

不同的色彩会给人心理带来不同的感觉，所以在确定居室与饰物的色彩时，要考虑人们的感情色彩。比如，黑色一般只用来做点缀色，试想，如果房间大面积运用黑色，人们在感情上恐怕难以接受，居住在这样的环境里，人的感觉也不舒服。如老年人适合具有稳定感的色系，沉稳的色彩也有利于老年人身心健康；青年人适合对比度较大的色系，让人感觉到时代的气息与生活节奏的快捷；儿童适合纯度较高的浅蓝、浅粉色系；运动员适合浅蓝、浅绿等颜色以解除兴奋与疲劳；军人可用鲜艳色彩调剂军营的单调色彩；体弱者可用橘黄、暖绿色，使其心情轻松愉快等。

3. 要满足室内空间的功能需求

不同的空间有着不同的使用功能，色彩的设计也要随之功能的差异而做相应变化。室内空间可以利用色彩的明暗度来创造气氛。使用高明度色彩可获光彩夺目的室内空间气氛；使用低明度的色彩和较暗的灯光来装饰，则给予人一种"隐私性"和温馨之感。室内空间对人们的生活而言，往往具有一个长久性的概念，如办公、居室等这些空间的色彩在某些方面直接影响人的生活，因此使用纯度较低的各种灰色可以获得一种安静、柔和、舒适的空间气氛。纯度较高鲜艳的色彩则可获得一种欢快、活泼与愉快的空间气氛。

4. 将自然色彩融入室内空间

室内与室外环境的空间是一个整体，室外色彩与室内色彩相应的有密切关系，它们并非孤立地存在。自然的色彩引进室内、在室内创造自然色彩的气氛，可有效地加深人与自然的亲密关系。自然界草地、树木、花草、水池、石头等是装饰点缀室内装饰色彩的一个重要内容，这些自然物的色彩极为丰富，它们可给人一种轻松愉快的联想，并将人带入一种轻松自然的空间之中，同时也可让内外空间相融。大自然给了人类一个绚丽多彩的自然空间，人类也喜爱向往大自然，自然界的色彩，必然能与人的审美情趣产生共鸣。室内设计师常从动、植物的色彩中索取素材，使用仿大理石、仿花岗石、仿原木等自然物来再现，能给人一种自然、亲切、和谐之感。

1.2 构图

通过后面章节的学习，我们将深深地体会到图像色彩的表现与场景中的模型、材质以及灯光都能发生或多或少的联系，而构图则是一个完全脱离软件的概念，完全依赖于效果图制作者对画面元素的分析能力与画面亮点的捕捉能力。

1.2.1 构图的形式

构图的形式通常将其分为对称性构图与非对称性构图。其中对称性构图就是画面中的任一元素总能在其他位置找到若干个相同或极为类似元素——即对称点，这种对称关系可以是上下对称也可以是左右对称甚至是更为复杂的其他对称形式，而非对称性构图顾名思义就是画面中元素不存在上述的对称关系。

1．对称性构图

当物体存在对称的关系时，由于其中的任何一个元素都会有对应的对称点，所以容易给人平衡、稳定、有一种天生的庄重感，同时又透露出一份神秘感，对称式构图常用于自身就存在对称性的物体，中外有很多著名的建筑都采用了对称的构造关系，如图 1-6 与图 1-7 所示的天坛与泰姬陵，对这类建筑进行摄影时常用对称性构图所拍摄到的图像有一种似乎可凝固时间的静态美，相信绝少有人会采用非对称性的构图来破坏这类建筑自身拥有的对称美感。

图 1-6　天坛

图 1-7　泰姬陵

对称性构图的运用方法十分简单，只要找到物体的对称轴或对称点，将其置于画面的中心位置即可，但对称式构图在着重表现静态美感的同时自然会缺少灵动的表现力，同时在现实生活中，呈非常完美的对称关系的物体也是十分少的，这些都造成了对称性构图运用的局限性，非对称性构图运用则更为灵活与广泛。

2．非对称性构图

在日常的生活中，我们所能观察到的绝大多数画面都不太可能遵循严谨的对称关系。在非对称性画面中，能否取得生动的画面效果或是突出表现主体的中心视觉感受是构图成功与否所在，因此熟练掌握非对称性构图的运用法则是我们学习的重点。

❑　黄金分割法与三分法

"黄金分割法"是一种由古希腊人发明的几何学公式，遵循这一规则的构图形式被认为是充满和谐美感的，接下来就来了解一下"黄金分割法"的原理。

↳　原理一

如图 1-8 所示，"黄金分割"公式可以从一个正方形来推导，将正方形底边分成二等分，取中点 X，以 X 为圆心，线段 XY 为半径作圆，其与底边直线的交点为 Z 点，这样将正方形延伸为一个比率为 5∶8 的矩形，此时得到的 Y 点即为两个矩形空间内的黄金分割点。

↳　原理二

如图 1-9 所示，通过上述推导我们得到了一个被认为很完美的矩形，连接该矩形左上角和右下角作对角线，然后从右上角向 Y 点（黄金分割点）作一线段交于对角线，这样就把矩形分成了三个不同的部分。这个过程在理论上则称为黄金分割，下一步就可以将所要表现的空间结构大致按照这三个区域去安排，也可以将示意图翻转 180° 或旋转 90° 来进行对照。

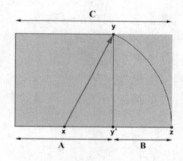

图 1-8　黄金分割原理一

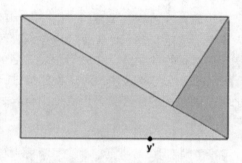

图 1-9　黄金分割原理二

"三分法"实际上是"黄金分割法"的简化版，其基本目的就是避免对自身不呈对称关系的物体进行习惯性的对称式构图时产生的呆板俗套的感觉。根据黄金分割原理二中的方法可以在一个矩形内找到与"黄金分割"相关的有 4 个点，如图 1-10 所示。利用这 4 个"十"字线标示，可以得到"三分法则"的两种使用方法：

第一种：可以把画面划分成分别占 1/3 和 2/3 面积的两个区域，如图 1-11 所示。

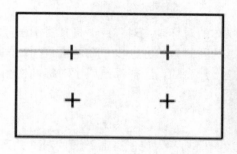

图 1-10　黄金分割点

图 1-11　三分法则

第二种：直接参照图示的 4 个"黄金分割"点，如图 1-12 所示。这种方法常用于具有十分明显的表现主体的空间，比如在卧室的表现中，床必然是表现的主体，此时可以将床的位置定位于左下角"十"字点位置，这样图像中就有了一个明显的焦点，使观察者的目光由此出发引导至整个卧室空间，如图 1-13 所示。

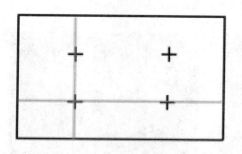

图 1-12　黄金分割点　　　　　　　　　　　　　　　　图 1-13　主体表现

"三分法"虽然运用得十分广泛，但如果要取得较好的视觉效果，画面通常要求为较明显的长方形画面，其长宽比率最佳为 8：5。

❑　类比几何体

当画面由于比例关系的局限运用"三分法"并不能取得比较满意的视觉效果时，此时可以根据物体形体上的独立特点，类比出一些形状近似的单色几何体，从而使复杂的场景变得相对简洁，从而对于如何表现主体就会形成一个清晰对比画面，这种方法就是所谓的"类比几何体"。观察图 1-14，相信大家可以理解到"类比几何体"方法的准确与灵活。

简化为弧形条

简化为对立的三角形

简化为两个矩形的叠加

图 1-14　类比几何体

❑ 线条的心理暗示

在日常生活中，用线条进行心理暗示并达到吸引人注意力的例子比比皆是，如各种指路标，斑马线等，在效果图中也可以利用线条排列关系与方向进行画面视觉感受的调整，效果图中可以利用的线条元素十分丰富：物体的轮廓线，各类材质之间的分界线等，如图1-15所示为线条的朝向与排列关系都能影响到画面观察者的视觉中心。

图1-15　线条元素

线条对人的心理暗示可概括三种：

> ⬎　平行与垂直的线条形态四平八稳，可以产生稳定有序，条理清晰的平静感。
> ⬎　斜线最容易打破画面的沉闷感，常运用在一些需要产生动态美感的画面中。
> ⬎　曲线的形态圆润丰满，用来过渡画面时显得十分自然和谐，产生十分丰富的形态变化。

当画面中有比较明显的线条元素时，可以根据其形态对画面的影响加以选择性的运用，对构图可以产生抛砖引玉的指导作用。

1.2.2　色彩与构图

既然物体的形态对人的心理暗示可以运用到构图中，那么前面学习过对人的心理能产生极大影响的色彩肯定也可以运用到构图中。大多数空间的色彩的划分是有据可依的，在制作室内设计配色方案时，通常室内大面积墙体的色彩选择是最先考虑到的元素，因为它体现了整个室内的主色调，我们常称其为背景色；其次便是家具的色彩选择，这时一般会考虑到业主的个人喜好，我们称其为主导色；最后就是对背景色与主导色进行调和的点缀色，如墙面上的装饰画，桌面上的小摆设等，这些颜色虽然所占的面积不大，但其一般与背景色或主导色有着强烈的对比关系，因此常起到画龙点睛的作用，我们称其为强调色。

室内色彩配置必须符合空间构图的需要，充分发挥室内色彩对空间的美化作用，正确处理协调和对比、统一与变化、主体与背景的关系。在进行室内色彩设计时，首先要定好空间色彩的主色调。色彩的主色调在室内气氛中起主导、陪衬、烘托的作用，其次要处理好统一与变化的关系，要求在统一的基础上的求变化，这样，容易取得良好的效果。为了取得统一又有变化的效果，大面积的色块不宜采用过分鲜艳的颜色，小面积的色块可适当提高色彩的明度和纯度。此外，室内色彩设计要体现稳定感、韵律感和节奏感。为了达到空间色彩的稳定感，常采用上轻下重的色彩关系。室内色彩的起伏变化，应形成一定的韵律和节奏感，注重色彩的规律性，否则就会使空间变得杂乱无章，其中主色调的载体是家具，面积适中且位置灵活可变，其对空间的心理定位作用十分明确，笔者总结了一些色彩的特点如下：

- 红色的特性：热情、积极、突出。其优点可使使用者热情洋溢、积极向上、活泼好动、积极参加与生活圈以外人交往；缺点则是：主观性强、不安定。红色常与粉红色、橙色、金色、紫色进行搭配，如图 1-16 所示。

- 黄色的特性：扩张、愉快、明亮、温暖。其优点在于能使空间扩大、温暖、愉快而活泼；缺点则是不稳重、对比性强。黄色常与绿色、蓝色、橙色、紫色进行搭配，如图 1-17 所示。

图 1-16　红色室内表现　　　　　　　　　　图 1-17　黄色室内表现

- 蓝色的特性：寒性重、长远、广阔、冷艳、沉静、深沉。其优点在于寒色系主色，平静安详、晶莹透彻、高雅脱俗；缺点则是过冷、色重过强、压迫感大、消极，常与米黄，紫色进行搭配。

- 橙色的特性：活泼、明亮、积极、热忱。其优点是鲜明、突出、温暖、活动性强；缺点则是波动、轻浮、不定。橙色常与黄色，草绿色进行搭配。

- 绿色的特性：清新、凉爽、平静、成长。优点是清新雅致、平和安详、凉爽清新；缺点也很明显：冲力不足、略具寒色性。绿色常与黄色、蓝色、橙色、棕色进行搭配。

- 紫色的特性：艳丽、突出、神秘。其优点是突出、感情丰富、温暖、富有罗曼蒂克气氛、具有神秘感；缺点则是过分艳丽、不易配色、气氛浓、不便安排，常用的搭配色为米黄、黄色、金色、银色、红色。

- 白色的特性：明快、简洁、纯净、清爽、开放。以白色为单一色可使空间变大，气氛温暖，容易配色；缺点则是不易保养，过分使用白色会给生活单调者造成视觉及神经压迫。白色几乎能与所有颜色进行搭配。

↘　黑色的特性：庄重、寂静。其优点是稳重、厚实、对比气氛强。缺点则是使空间变小、光线过暗、过分沉重、不开朗。同样黑色也能与所有颜色进行搭配。

图1-18　常见的室内设计色彩搭配

1.2.3　视角与构图

在各种三维软件中，摄影机或相机位置就是人眼所处的位置。在摄影机或相机的位置与其观察角度发生变化时会使观察到的画面产生相应的变化，影响到观察者对画面最直观的感受。

一般而言，即客户没有特别的视角要求时室内效果图均采用平视角度，也就是摄影机位置处于人正常的视线高度，这时画面内的物体的形态保持着十分平稳的状态，物体的轮廓线或垂直或平行，联系到线条对人心理感受的影响，容易使人产生平静的心理感受，画面整体感觉自然平静。

摄影机位置低于人的正常视觉高度时，会生成仰视整体空间的画面，画面的稳重感变得十分明显，在表现较为庄重的空间时如大型的会议室、礼堂时一般采用这个视角。

摄影机位置高于人的正常视觉高度时，会产生俯视整体空间的画面，画面的控制感会得到加强，此时室内空间的格局与各种摆设会一目了然，因此常应用于饭店，餐厅的表现。

而对摄像机进行旋转后，会对画面产生一种扭曲感，使人产生不安定的情绪，除非是客户要求的特写，不然不会采用这种视角进行表现。

第 2 章
VRay 渲染器剖析

本章重点：

- 初识 VRay 渲染器
- VRay 渲染面板
- VRay 灯光
- VRay 相机

照顾到 VRay 渲染器的初学者，本章将对 VRay 渲染器的基础知识进行深入的剖析，包括 VRay 渲染器面板的参数设置、灯光的基本应用以及 VRay 物理相机的使用功能等。通过本章深入的学习，即使是 VRay 初学者也可以了解到 VRay 渲染器基本参数的意义与设置方法，同时也能扫清后面实例章节的学习中可能遇到的障碍。

2.1　初识 VRay 渲染器

VRay 渲染器是一款非常强大的全局光渲染插件，由 Chaos Group 公司开发完成，通过 3ds max 这个三维工作平台能十分全面表现出其交互式渲染的特点，无论是静帧表现还是动态画面，在渲染质量与渲染效果上都能取得令人满意的平衡。

VRay 渲染器优异的表现在于其内置的 VRay 全局光照系统、VRay 相机、VRay 材质等核心内容都是模拟真实物理世界中光学原理与材质属性特点设计开发完成的，尤其是其对光影效果的模拟是基于较为精准的几何光学算法而设计的这一特点，使其获得真实的光影效果变得比较轻松，对比 3ds max 软件自带的灯光和线性扫描渲染器，在材质表现的逼真度与光影氛围刻画能力上，VRay 渲染器要优秀许多，而对比其他的设计原理类似的渲染器，VRay 渲染器则凭借其多年的不断完善与再开发的积累成果，在软件运行的稳定性与操作的人性化上则要超前许多。

本套书中案例均以 3ds max 2010 三维工作平台进行模型制作，再配以 VRay Adv 2.40.03 渲染器进行渲染完成。接下来笔者就以 VRay Adv 2.40.03 渲染器的例，为大家层层深入的剖析 VRay 渲染器的各项参数。

2.2　VRay 渲染面板

成功安装 VRay Adv 2.40.03 渲染器并将其指定为当前渲染器后，按下快捷键 F10 打开渲染参数面板，此时的参数面板如图 2-1 所示。

图 2-1　VRay 渲染器参数面板

2.2.1 Authorization 与 About VRay 卷展栏

在 Authorization【授权】与 About VRay【关于 VRay】卷展栏中，可以查看到 VRay 的注册信息，VRay 的版本信息等内容，如图 2-2 所示。

2.2.2 Frame buffer【帧缓冲器】卷展栏

Frame buffer【帧缓冲器】卷展栏内的参数主要来控制 VRay 的帧缓存，其具体参数如图 2-3 所示，默认参数状态下这个卷展栏参数是不起任何作用的，我们通常使用 3ds max 自带的帧缓存器，但事实上 Frame buffer【帧缓冲器】的功能要强大许多，接下来就对其各项参数进行详细的了解。

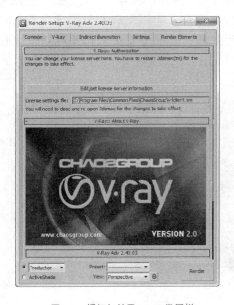

图 2-2 授权与关于 VRay 卷展栏

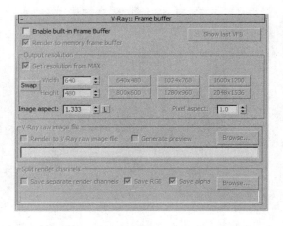

图 2-3 Frame buffer【帧缓冲器】卷展栏内的参数

1. 启用 VRay 帧缓冲器和 VFB 窗口

Enable built-in frame buffer【启用 VRay 内置帧缓存器】：在默认状态下，该卷展栏只有这个参数可用，勾选这个参数后，系统将优先使用 VRay 渲染器内置的帧缓存，同时激活卷展栏内其他参数，此时 3ds max 自带的帧缓存还是存在的，因此为了避免内存的浪费，通常会在 Common【公用】选项内将其输出分辨率设置为最小，并关闭虚拟帧缓存，操作方法如图 2-4 所示。

Render to memory frame buffer【渲染到帧缓冲存储器】：勾选这个参数后，将创建 VRay 帧缓存，并使用其进行颜色信息的储存，以便在渲染过程及渲染完成后观察得到的图像。

Show last VFB【显示上一次 VFB】：VFB 即 VRay Frame Buffer【VRay 帧缓存窗口】的缩写，单击这个按钮，就会显示上一次 VFB 窗口内的图像信息。

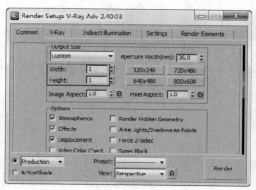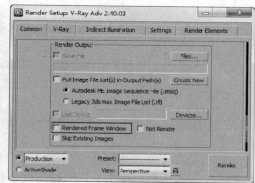

图 2-4　关闭 3dsmax 自带帧缓存

　　笔者曾说 VRay 内置帧缓存器的功能比 3ds max 系统的帧缓存器强大，那它的强大之处又表现在哪呢？首先观察如图 2-5 所示的两个渲染窗口，可以发现右侧的窗口多了若干个按钮，正是通过这些按钮，VRay 内置帧缓存器有着 3ds max 系统的帧缓存器难以企及的一些功能。

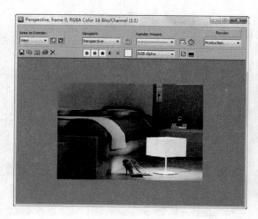

图 2-5　对比渲染窗口

❯　●●●●○● 按钮：这些按钮提供了 RGB、Alpha、单色通道的预览画面，只需单击相应的按钮即可预览。

❯　□ 按钮：保存渲染文件。

❯　▨ 按钮：将 VRay 帧缓存中的图像复制到 3ds max 默认的输出窗口。

❯　▣ 按钮：这个按钮有十分实际的作用，在渲染过程中，当光标在 VR 的帧缓存窗口拖动时，会命令 VR 优先渲染光标所停顿的区域，这对于场景局部参数调试非常有用。

❯　i 按钮：用于显示 VR 帧缓存窗口任意一点的相关信息。按下这个按钮后，在完成的帧缓存窗口右键单击，马上会在一个独立的窗口中显示出相关的信息。

❯　✕ 按钮：用于清除 VR 帧缓存窗口中的内容。

❯　▨▨◉▨ 按钮：激活这些按扭后，可通过最左边的 VRay 帧缓存调色工具□对渲染后图像的颜色及明暗进行调节，窗口显示如图 2-6 所示。

2. 其他常用参数

Get resolution from 3dsmax【从 3ds max 获得分辨率】：勾选这个选项的时候。VR 将使用设置的 3ds max 的分辨率。

Render to V-Ray raw image【渲染到 VR 原始图像】：这个选项类似于 3ds max 的渲染图像输出，这里就不再赘述。

Generate preview【生成预览】：只有勾选了 Render to V-Ray raw image【渲染到 VR 原始图像】时这个参数才被激活，它的作用是可以预览生成的渲染图像。

Save separate channels【保存单独渲染通道】：勾选这个选项后，其后的两个选项功能才能被激活，其中 Save RGB 用来储存 RGB 通道，Save Alpha 用来储存 Alpha 通道。

2.2.3 Global switches【全局开关】卷展栏

Global switches【全局开关】卷展栏，全面的控制着 VRay 渲染器中几何模型、材质以及灯光等基本渲染元素，其具体参数如图 2-7 所示。

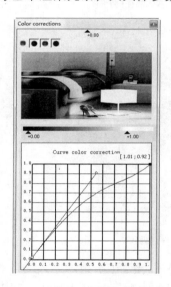

图 2-6 通过 VFB 内按钮调整图像效果

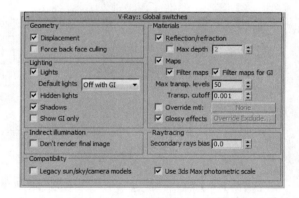

图 2-7 Global switches【全局开关】卷展栏参数

1. Geometry【几何体】参数组

Displacement【置换】：决定是否使用 VRay 系统的置换贴图，注意这个选项不会影响 3ds max 自身的置换贴图。

2. Lighting【灯光】参数组

⬎ Lights【灯光】：决定是否使用灯光。也就是说这个选项是 VR 场景中的直接灯光的总开关，当然这里的灯光不包含 max 场景的默认灯光。如果不勾选的话，系统不会渲染用户设置的任何灯光。

⬎ Default lights【默认灯光】：决定是否使用 max 的默认灯光，大多数情况下，这个参数总是处于取消状态，因为 3ds max 自带的默认灯光在渲染时通常只会打乱你对整体光效的把握。

↘ Hidden lights【隐藏灯光】：勾选隐藏灯光的时候，系统会渲染隐藏的灯光效果而不会考虑灯光是否被隐藏。

↘ Shadows【阴影】：决定是否渲染灯光产生的阴影。

↘ Show GI only【仅显示全局光】：勾选的时候直接光照将不包含在最终渲染的图像中。但是在计算全局光的时候直接光照仍然会被考虑，但是最后只显示间接光照明的效果，一般情况下使用 VRay 渲染器就是为了显示全局光照效果，因此这个参数很少被勾选。

3. Materials【材质】参数组

Reflection/refraction【反射与折射】：该项参数控制整个场景中 VR 贴图或材质中的反射/折射效果，一般情况下这个参数都是勾选的，否则没有了反射与折射效果，虽然渲染时间会大幅减少，但材质效果却难以令人信服，如图 2-8 所示，但如果是在灯光布置的调试阶段，有时可以取消这个参数的勾选，以达到提高调试效率的目的。

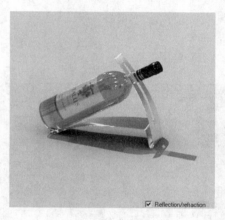

图 2-8　Reflection/refraction 对材质效果的影响

Max depth【最大深度】：该参数控制 VR 贴图或材质中反射/折射的最大反弹次数，一般而言，具体的材质的反射与折射深度通过材质参数中的 Max depth【最大深度】进行控制是最为实用的，如图 2-9 所示，而当勾选此处的 Max depth【最大深度】时，所有的局部参数设置将会被它所取代。

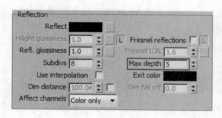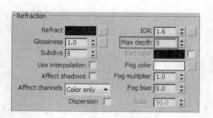

图 2-9　材质参数可单独控制反射/折射深度

Maps【贴图】：是否使用纹理贴图，如果取消勾选，材质中使用的贴图将全部失效。

Filter maps【过滤贴图】：是否使用纹理贴图过滤。

Max. transp levels【最大透明程度】：控制透明物体被光线追踪的最大深度。

Transp. cutoff【透明度中止】：控制对透明物体的追踪何时中止。如果光线透明度的累计低于这个设定的极限值，将会停止追踪。

Override mtl【全局替代材质】：勾选这个选项的时候，允许用户通过使用后面的材质槽指定的材质来替代场景中所有物体的材质来进行渲染，在实际的工作中，常使用这种方法进行灯光强度与投影的测试，可以在很大程度上提高测试渲染时间，如图 2-10 所示。

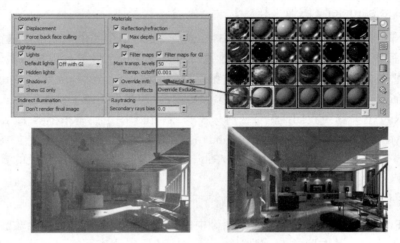

图 2-10　利用 Override mtl 快速测试灯光强度与投影

Glossy effects【模糊效果】：该参数控制是否计算模糊反射效果，一般而言，只有在进行最终渲染图像时才使用这个效果，因为太耗费时间了。

4.　Indirect illumination【间接光照】

Don't render final image【不渲染最终的图像】：勾选的时候 VRay 只计算相应的全局光照贴图【一般而言为发光贴图和与灯光贴图】，如果已经对最后的渲染结果相当有把握了，在进行小尺寸的光子图渲染时，可以考虑勾选该参数，可以节省出渲染图像的那部分时间。

5.　Raytraceing【光线跟踪】

Secondary rays bias【二次光线偏置距离】：设置光线发生二次反弹的时候的偏置距离，该参数值常为 0.001，这样可以有效避免由于模型重面时产生的黑斑。

2.2.4　Image sampler(Antialiasing)【图像采样器（抗锯齿）】卷展栏

Image sampler(Antialiasing)【图像采样器（抗锯齿）】卷展栏内参数如图 2-11 所示，只有两个参数组：Image sampler【图像采样器】与 Antialiasing filter【抗锯齿过滤器】，Image sampler【图像采样器】控制如何对图像中的每个像素进行样本采集，而 Antialiasing filter【抗锯齿过滤器】则控制使用什么方式将采集到的样本排列到每个像素中，从而减少边缘的锯齿效果，所以虽然这个卷展栏内只有两个参数，但在很大程度上决定了最终渲染图像的细节的成败。

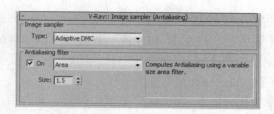

图 2-11 Image sampler(Antialiasing)【图像采样器（抗锯齿）】参数

1. Image sampler【图像采样器】

图像采样的概念其实很好理解，就是 VRay 渲染器对每个图像中的像素进行取样分析，以决定其表面颜色、反射度、平滑度等效果，可以想像每个像素的取样数量越多，VRay 渲染器的分析就越精准，所得到的图像质量无疑就会越好，当然所耗费的时间也会随之增加。单击 Image sampler【图像采样器】参数组内的 Type【类型】参数后的三角形按钮，可以发现 VRay 渲染器为我们提供了三种采样方式：Fix【固定比率采样器】、Adaptive QMC【自适应 QMC 采样器】以及 Adaptive subdivision【自适应细分采样器】，如图 2-12 所示，任意选择其中的一种采样方式，就会在 VRay 卷展栏内自动生成一个对应的参数控制栏，以便对采样进行更为精细的参数控制。

❑ Fix【固定比率采样器】

这是 VRay 最简单的采样器，对于图像中的每一个像素使用一个固定数量的样本，参数设置也十分简单，其对应的 Fixed image sampler【固定比率图像采样器】卷展栏内的参数如图 2-13 所示，可以看到 Subdivs【细分】是其唯一的参数。

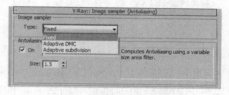

图 2-12 VRay 渲染器提供的三种采样方式

图 2-13 Fix【固定比率图像采样器】参数

当 Subdivs【细分】参数为 1 时，VRay 对每一个像素使用一个样本；当参数值大于 1 时，则将按照低差异的蒙特卡罗序列来产生样本，由于该种采样方式常用来进行图像的测试渲染，所以参数保持为 1 即可，不同参数值对应的渲染效果与时间如图 2-14 所示。

图 2-14 Subdivs【采样】大小对图像质量的影响

❑　　Adaptive QMC sampler【自适应 QMC 采样器】

这个采样器英文名称中的"QMC"是 Quasi Monte Carlo 的缩写，QMC 是 VRay 渲染器的核算心，存在于 VRay 渲染器内每一种模糊的计算中，无论是搞锯齿效果、景深效果、间接光照、模糊反射/折射还是半透明效果，都存在它的身影，那么到底什么是 QMC 呢？

首先从 QMC 字面的构成来分析，其是由 Quasi【准的，类似的】与 Monte Carlo【蒙特卡罗】构成，在 Fix【固定比率采样器】中已经提及过"蒙特卡罗"是一种计算模式，纯粹的"蒙特卡罗"计算模式会产生比较强的噪点，而 Fix【固定比率采样器】由于采用的是固定均匀的像素采样，容易产生波纹"共振"现象，而 QMC【准蒙特卡罗】则均衡地结合了两者的特点，在采样效果上取得了一种良好的平衡，可以得到一种更自然更完美的取样效果。

Adaptive QMC sampler【自适应 QMC 采样器】自身的控制参数比 Fix【固定比率采样器】要丰富得许多，其对应的 Adaptive QMC image sampler【自适应 QMC 图像采样器】卷展栏内的参数如图 2-15 所示。

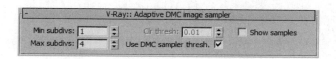

图 2-15　Adaptive QMC sampler【自适应 QMC 图像采样器】参数

❧　Min subdivs【最小细分】：定义每个像素使用的样本的最小数量。一般情况下，很少需要设置这个参数超过 1，除非有一些细小的线条无法正确表现。

❧　Max subdivs【最大细分】：定义每个像素使用的样本的最大数量。对于那些具有大量微小细节，如 VRayFur【VRay 毛发】物体，或模糊效果【景深、运动模糊等】的场景或物体，这个采样器是首选。

增大这两项参数中的任意一项都会增加图像渲染时间，降低任意一项则会缩短图像渲染时间，如图 2-16 所示。

图 2-16　Min subdivs【最小细分】与 Max subdivs【最大细分】对渲染效果的影响

□　Adaptive subdivision sampler【自适应细分采样器】

同样采用了自适应的计算方式，自适应采样就是临近采样之间的亮度差异判断是否需要提高采样密度，这样就能在某种程度上提高采样计算的效率，与 Adaptive QMC sampler【自适应 QMC 采样器】采用的"准蒙特卡罗"模式不同，该采样器采用的是"Undersampling"模式，我们不必去深究"Undersampling"模式的意义，牢记一点，在没有 VR 模糊特效（直接 GI、景深、运动模糊等）的场景中，它是最好的首选采样器，因为平均下来，它使用较少的样本（这样就减少了渲染时间）就可以达到其他采样器使用较多样本所能够达到的品质和质量。但是，在具有大量细节或者模糊特效的情形下会比其他两个采样器更慢，图像效果也更差，而且比起另两个采样器，它也会占用更多的内存。

同样 Adaptive subdivision sampler【自适应细分采样器】也有对应的 Adaptive subdivision image sampler【自适应细分图像采样器】，其具体参数如图 2-17 所示。

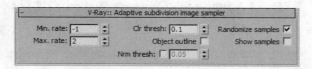

图 2-17　Adaptive subdivision image sampler【自适应细分图像采样器】参数

➥　Min rate【最小比率】：定义每个像素使用的样本的最小数量。值为 0 意味着一个像素使用一个样本，-1 意味着每两个像素使用一个样本，-2 则意味着每 4 个像素使用一个样本，依次类推。

➥　Max rate【最大比率】：定义每个像素使用的样本的最大数量。值为 0 意味着一个像素使用一个样本，1 意味着每个像素使用 4 个样本，2 则意味着每个像素使用 8 个样本，依次类推。

同样增大这两项参数中的任意一项都会增加图像渲染时间，降低任意一项则会缩短图像渲染时间，如图 2-18 所示。

 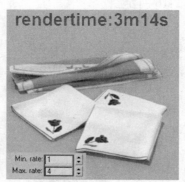

图 2-18　Min rate【最小比率】与 Max rate【最大比率】对渲染的影响

➥　Clr.Thresh【颜色极限值】：用于确定采样器在像素亮度改变方面的灵敏性。较低的值会产生较好的效果，但会花费较多的渲染时间。

➥　Randomize samplers【不规则采样】：当勾选此项参数时，VRay 渲染器会在进行渲染时略微转移样本的位置以便在垂直线或水平线条附近得到更好的效果，虽然会因增加的计算量耗费一点时间，但就取得的效果而言是值得的，因此默认状态下，此项参数是勾选的。

⬎ Object outline【物体轮廓】：勾选的时候使得采样器强制在物体的边进行超级采样而不管它是否需要进行超级采样，在场景中有着大量的细节要进行表现时，建议取消勾选，注意，这个选项在使用景深或运动模糊的时候会失效。

⬎ Show samples【显示样本】：默认状态上该项参数没有勾选，因为勾选后图像会显示采样样本，影响效果的观察。

⬎ Normals【法线】：勾选将使超级采样沿法向急剧变化，参数设置越大，渲染速度越快。同样，在使用景深或运动模糊的时候会失效。

☐ 如何选择合适采样器

VRay 渲染器所提供了三种图像采样器，显然是考虑到了不同场景的特点的，很多人都会有一种习惯性的思维：既然 Fix【固定比率采样器】的参数最为简单，它的采样数量也是固定不变的，那么它的计算时间肯定是最快的。观察图 2-19 可以发现，这种判断是有失偏颇的。

图 2-19 采样器与渲染时间比较

总结而言，Adaptive QMC sampler【自适应 QMC 采样器】与 Adaptive subdivision sampler【自适应细分采样器】由于其具有自适应判断的能力，因此对场景的复杂度比较敏感，因为它们总是试图在需要进行细节表现的地方进行多的采样，而在平坦区域则相对进行少的采样，由于 Adaptive QMC sampler【自适应 QMC 采样器】采样的是比较理想的"蒙特卡罗"采样方式，因此对于有大量细节（比如景深，模糊效果）的场景的表现选择 Adaptive QMC sampler【自适应 QMC 采样器】是最为理想的，而对于具有较多平坦区域的场景，Adaptive subdivision sampler【自适应细分采样器】则是首选。至于 Fix【固定比率采样器】由于采样数目的恒定性，所以对不会因为场景的复杂程度而产生渲染效率上的改变，但也因此其难以取得较满意的图像效果，因此一般只是在进行灯光测试时进行选用。

2. Antialiasing filter【抗锯齿过滤器】参数组

Antialiasing filter【抗锯齿过滤器】的作用是将通过图像采样器分析采集到的样本混合

到图像中的每个像素中去以完成最后图像的体现，这个混合过程极耗费时间，如图 2-20
所示可以对比出进行抗锯齿效果启用对渲染时间的影响。

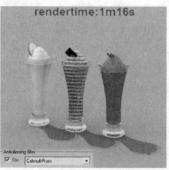

图 2-20　抗锯齿效果对渲染时间的影响

　　VRay 渲染器提供了如图 2-21 所示的十余种抗锯齿方式，不同的抗锯齿方式对应着不
同的将采样样本混合至像素的方式，从而产生不同的图像效果，在室内效果图的表现中，
最为常用的是 Mitchell-Netravali 与 Catmull-Rom 这两种方式，前者可以使图像产生比较平
滑的效果，而后者则会产生比较锐利图像效果，适合有大量细节需要表现的场景，两种抗
锯齿方式得到的图像效果如图 2-22 所示。

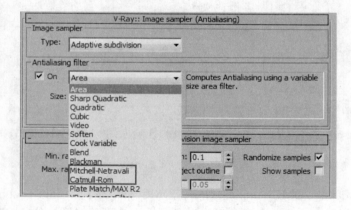

图 2-21　VRay 提供的抗锯齿方式

图 2-22　常用的两种抗锯齿效果的表现

2.2.5 Indirect illumination(GI)【间接光照（GI）】卷展栏

　　3ds max 系统自带的 Default Scanline renderer【扫描线渲染器】只能产生简单的直接光照效果，而对间接光照效果的真实计算模拟是 VRay 渲染器最深入人心的一个功能，有了它才有可能制作出如照片般真实的全局光光影氛围的效果图。那什么是直接光照【Direct illumination】，什么是间接光照【Indirect illumination】，什么又是全局光照【Golbal illumination】呢？这里笔者就使用一个十分简单的案列进行形象的说明。

　　打开如图 2-23 中所示的场景模型，可以看到该场景中只有落地灯一个光源，保持 Indirect illumination(GI)【间接光照（GI）】卷展栏参数不变，将得到如图 2-24 所示的渲染效果，可以看见只有被台灯直接照射的区域有灯光效果，其他区域一团漆黑，而且有灯光效果的地方明暗过渡也十分生硬。

图 2-23　场景模型

图 2-24　直接光照效果

　　接下来勾选图 2-25 中的 On【开启】，开启间接光照，然后再次对场景进行渲染，得到如图 2-26 的效果，虽然此时灯光细节与材质细节还有待加强，但整体的灯光效果却达到了我们的预期目的，而且光线的明暗过渡真实了许多。

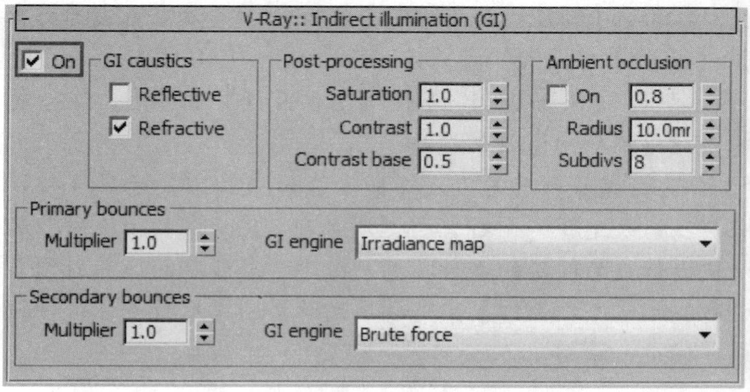

图 2-25　Indirect illumination(GI)【间接光照（GI）】卷展栏参数

图 2-26　全局光照效果

1. GI caustics【全局光焦散】参数组

Reflective 与 refractive【反射的与折射的】：这两项参数对应控制反射焦散效果与折射焦散效果，效果如图 2-27 所示。

图 2-27　焦散效果

1. Post-processing【后期加工】参数组

这个参数组内的参数主要是对间接光照明在增加到最终渲染图像前进行一些额外的修正。

- ↘ Saturation【饱和度】：用来控制最终渲染图像的颜色饱和度。
- ↘ Contrast【对比度】：用来控制最终渲染图像的颜色对比度。
- ↘ Contrast base【对比度基数】：用来校正颜色对比度的基数。

以上三个参数默认的设定值可以确保产生物理精度效果，当然用户也可以根据需要进行调节以达到某些特殊的效果，比如可能通过 Saturation【饱和度】参数进行图像色溢现象的调整，笔者建议一般情况下使用默认参数值。

2. Primary bounces【首次反弹】参数组

在前面形容间接光照时曾提到 VRay 渲染器模拟了物体对光线的反弹作用从而实现了间接照明效果，这里的 Primary bounces【首次反弹】顾名思义控制了物体对光线的首次反弹效果，包括反弹的 Multiplier【强度】与反弹的计算方式 GI engine【GI 引擎】。

- ↘ Multiplier【强度】：该参数控制 Primary bounces【首次反弹】的强度，数值越大光线反弹的强度就越大，得到的图像效果就越亮。
- ↘ GI engine【GI 引擎】：VRay 渲染器为首次反弹提供了如图 2-28 所示的 4 种计算引擎，类似于图像采样器，每选择一个计算引擎均会在 VRay 参数面板内增加一个对应的卷展栏，以便进行更为精确的参数控制，由于这里涉及的计算引擎与即将讲到的 Secondary bounces【二次反弹】中可利用的计算引擎有重叠，笔者将在后面进行各种计算引擎的逐一讲解。

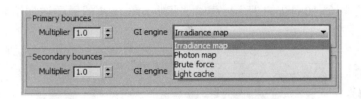

图 2-28　Primary bounces【首次反弹】计算引擎

3.　Secondary bounces【二次反弹】参数组

Secondary bounces【二次反弹】参数组与 Primary bounces【首次反弹】参数组类似，只是在其 GI engine【GI 引擎】内少了 Irradiance map【发光贴图】引擎。

2.2.6　Irradiance map【发光贴图】卷展栏

Irradiance map【发光贴图】：该引擎采用的计算方法是基于发光缓存技术的，其基本思路是仅计算场景中某些特定点的间接照明，然后对剩余的点进行插值计算，也因此利用计算出来间接照明效果中一些细节可能会被丢失或模糊，但其对于具有大量平坦区域的场景的间接光照的计算速度十分迅速，Irradiance map【发光贴图】内的参数设置如图 2-29 所示。

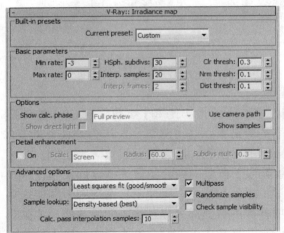
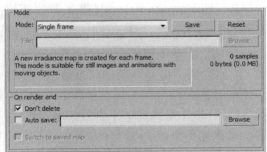

图 2-29　Irradiance map【发光贴图】参数

1.　Built-in presets【内置预置】

Current preset【当前预置】：当前预置模式，VRay 渲染器提供了如图 2-30 所示的,8 种预置。

这里的预置是由 VRay 渲染器的开发人员根据不同的渲染效果的大致调整好的一些参数，这样用户就可以根据需要选择一个预置直接利用，从预置名称可以发现：从 Very low【非常低】至 Very high【非常高】是逐级提升的，对应得到的图像效果也越精细，当然耗

费的渲染时间也越长，如图 2-31 所示；同时也根据动画渲染的需要增加了后缀的 animation
【动画】加以区别。

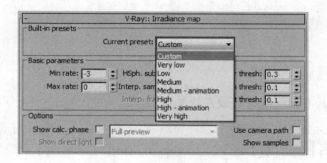

图 2-30　预置模式

图 2-31　不同预置下的渲染时间与效果

2.　Basic parameters【基本参数】

Min rate/Max rate【最小比率/最大比率】：Min rate【最小比率】参数确定 GI 首次传递
的分辨率。0 意味着使用与最终渲染图像相同的分辨率，这将使得发光贴图类似于直接计
算 GI 的方法，-1 意味着使用最终渲染图像一半的分辨率。通常需要设置它为负值，以便
快速的计算大而平坦的区域的 GI，这个参数类似于自适应细分图像采样器的最小比率参
数；Max rate【最大比率】参数则确定 GI 传递的最终分辨率，类似于自适应细分图像采样
器的最大比率参数。同样增大其中的任意一项参数的数值都会提升渲染质量并增加渲染时
间，但牢记一点 Min rate【最小比率】的数值永远不能大于 Max rate【最大比率】数值，
否则就会出现错误的渲染结果。

HSph Subdivs【半球细分】：该参数的全称为 Hemispheric subdivs，该项参数决定单独
的 GI 样本的品质。较小的取值可以获得较快的速度，但是也可能会产生黑斑，较高的取
值可以得到平滑的图像。它类似与直接计算的细分参数。值得注意的一点是设置的参数值
并不是被追踪光线的实际数量，光线的实际数量接近于这个参数的平方值，并受 QMC 采
样器相关参数的控制。

Interp.Samples【插值的样本】：该参数的全称为 Interpolation samples，定义被用于插
值计算的 GI 样本的数量。较大的值会趋向于模糊 GI 的细节，虽然最终的效果很光滑，较

小的取值会产生更光滑的细节，但是也可能会产生黑斑。

Clr thresh【颜色极限值】：该参数的全称为 Color threshold，这个参数确定发光贴图算法对间接照明变化的敏感程度。较大的值意味着较小的敏感性，较小的值将使发光贴图对照明的变化更加敏感。

Nrm thresh【法线极限值】：该参数的全称为 Normal threshold，这个参数确定发光贴图算法对表面法线变化的敏感程度。

Dist thresh【距离极限】：Distance threshold 的简写，距离极限值，这个参数确定发光贴图算法对两个表面距离变化的敏感程度。

3. Options【选项】参数组

Show calc phase【显示计算相位】：勾选该项参数时，VRay 渲染器在计算发光贴图的时候将显示发光贴图的传递。同时会减慢一点渲染计算，特别是在渲染大的图像的时候。

Show direct light【显示直接照明】：只在 Show calc phase【显示计算相位】勾选的时候才能被激活。它将促使 VRay 渲染器在计算发光贴图的时候，显示除了间接照明外的直接照明初级漫射反弹。

Show samples【显示样本】：勾选该项参数的时候，VRay 渲染器将在 VFB 窗口以小原点的形态直观的显示发光贴图中使用的样本情况。

4. Detail enhancement【细节增强】参数组

Detail enhancement【细节增强】目的在于增强细节的表现，其中 Radius【半径】值设置越高，细节表现就越精细，渲染速度也越慢；Subdivs mult【细分百分比值】越高，细节的噪点越小，同样也会减慢渲染速度，这个参数一般只在用于对场中某些细节进行特定表现才开启，因为其对渲染速度的影响实在太大，如图 2-32 所示。

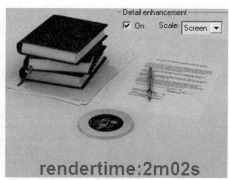

图 2-32　Detail enhancement【细节增强】与渲染时间与效果的变化

5. Advanced options【高级选项】参数组

❑　Interpolation type【插补类型】

发光贴图是利用插值的方法进行计算的，VRay 渲染器提供了 4 种插补类型供选用，如图 2-33 所示。

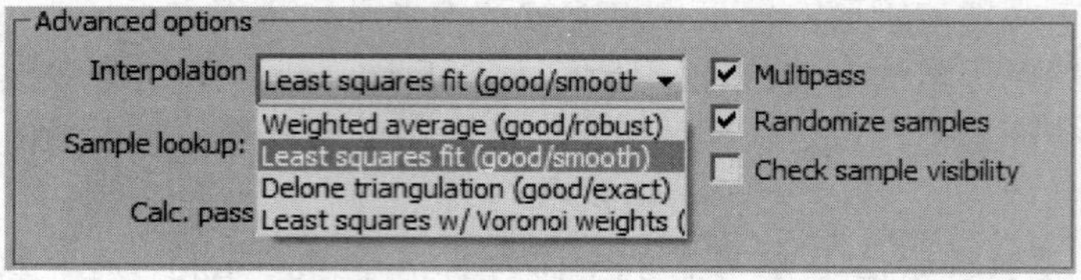

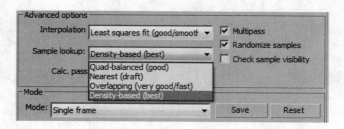

图 2-33　系统提供的插补类型

⮫ Weighted average【加权平均值】：根据发光贴图中 GI 样本点到插补点的距离和法向差异进行简单的混合进行插补的作用。

⮫ Least squares fit【最小平方适配】：这是 VRay 默认的设置类型，它将设法计算一个在发光贴图样本之间最合适的 GI 值。可以产生比加权平均值更平滑的效果，但计算过程较缓慢。

⮫ Delone triangulation【三角测量类型】：几乎所有其他的插补方法都有模糊效果，确切的说，它们都趋向于模糊间接照明中的细节，同样，都有密度偏置的倾向。与它们不同的是，Delone triangulation【三角测量法】不会产生模糊效果，它可以保护场景细节，避免产生密度偏置。

⮫ Least squares w/Voronoi weights：这种方法是对最小平方适配方法缺点的修正，它相当的缓慢，不建议采用。

虽然各种插补类型都有它们自己的用途，但是 Least squares fit【最小平方适配】类型和三角测量类型是最有意义的类型。最小平方适配可以产生模糊效果，隐藏噪波，得到光滑的效果，使用它对具有大的光滑表面的场景来说是很完美的。三角测量法是一种更精确的插补方法，一般情况下，需要设置较大的半球细分值和较高的最大比率值【发光贴图】，因而也需要更多的渲染时间，但是可以产生没有模糊的更精确的效果，尤其在具有大量细节的场景中显得更为明显。

❑　Sample lookup【样本查找】

这个选项在渲染过程中使用，它决定发光贴图中被用于插补基础的合适的点的选择方法。系统提供了如图 2-34 所示的 3 种方法供选择。

图 2-34　系统提供的样本查找方法

⮰ Nearest【最靠近的】：这种方法将简单的选择发光贴图中那些最靠近插补点的样本（至于有多少点被选择由插补样本参数来确定）。这是最快的一种查找方法，而且只用于 VR 早期的版本。这个方法的缺点是当发光贴图中某些地方样本密度发生改变的时候，它将在高密度的区域选取更多的样本数量。

↘ Quad-balanced【最靠近四方平衡】：是针对 Nearest 方法产生密度偏置的一种补充。它把插补点在空间划分成 4 个区域，设法在它们之间寻找相等数量的样本。它比简单的 Nearest 方法要慢，但是通常效果要好。其缺点是有时候在查找样本的过程中，可能会拾取远处与插补点不相关的样本。

↘ Overlapping【预先计算的重叠】：这种方法是作为解决上面介绍的两种方法的缺点而存在的。它需要对发光贴图的样本有一个预处理的步骤，也就是对每一个样本进行影响半径的计算。其优点是在使用模糊插补方法的时候，产生连续的平滑效果。即使这个方法需要一个预处理步骤，它也比另外两种方法要快一些。

↘ Density-base（best）【基于密度(最好)】：正如该参数名称内的 Best【最好】，VRay 渲染器默认的设置留给了它，注意在使用一种模糊效果的插补类型的时候，样本查找的方法选择是最重要的，而在使用 Delone triangulation【三角测量类型】这个不具模糊效果的插补类型的时候，样本查找的方法对效果没有太大影响。

❑ 其他参数

Calc pass interpolation samples【计算传递插补样本】：在发光贴图计算过程中使用，它描述的是已经被采样算法计算的样本数量。较好的取值范围是 10 ~ 25，较低的数值可以加快计算传递，但是会导致信息存储不足，较高的取值将减慢速度，增加加多的附加采样。一般情况下，这个参数值设置为默认的 15 左右。

Multipass【多重预计算】：勾选选项后，VRay 渲染器会使用已经计算过的的发光贴图样本，所以在测试阶段，会反复对场景进行渲染计算，勾选这个选项后能提高计算速度。

Randomize samples【随机样本】：在发光贴图计算过程中使用，勾选的时候，图像样本将随机放置，不勾选的时候，将在屏幕上产生排列成网格的样本。

Check sample visibility【检查样本的可见性】：在渲染过程中使用，它将促使 VR 仅仅使用发光贴图中的样本，样本在插补点直接可见，可以有效的防止灯光穿透两面接受完全不同照明的薄壁物体时候产生的漏光现象当然由于 VRay 渲染器要追踪附加的光线来确定样本的可见性，所以它会减慢渲染速度。

6．Mode【模式】参数组

Mode【模式】控制的是发光贴图的渲染计算模式，当然这个参数不只是针对 Irradiance map【发光贴图】引擎，在另外三个引擎内也可以进行相同的模式设置，首先逐个了解常用的几种计算模式，如图 2-35 所示。

↘ Single frame【单帧】：默认的模式，在这种模式下对于整个图像计算一个单一的发光贴图，每一帧都计算新的发光贴图。在分布式渲染的时候，每一个渲染服务器都各自计算它们自己的针对整体图像的发光贴图。

↘ From file【来自文件】：使用这种模式，VRay 渲染器会导入已存在的发光贴图完成计算。

↘ Incremental add to current map【追加到当前贴图模式】：在这种模式下，VRay 渲染将使用内存中已存在的贴图，仅仅在某些没有足够细节的地方对其进行细节上的提升。

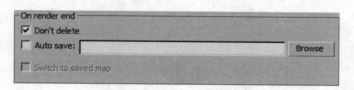

图 2-35　模式参数组

7.　On render end【渲染结束后】参数组

该参数组主要针对在渲染完成后光子图的处理方式，如图 2-36 所示。

图 2-36　渲染结束后参数组

➥ **Don't delete【不删除】**：这个选项默认是勾选的，意味着发光贴图将保存在内存中直到下一次渲染前，如果不勾选，VRay 渲染器会在渲染任务完成后删除内存中的发光贴图。

➥ **Auto save【自动保存】**：如果这个选项勾选，在渲染结束后，VRay 将发光贴图文件自动保存到用户指定的目录。

➥ **Switch to saved map【切换到保存的贴图】**：这个选项只有在自动保存勾选的时候才能被激活，勾选的时候，VRay 渲染器也会在完成渲染的时候自动设置发光贴图为 From file【来自文件模式】。

2.2.7　Global photo map【全局光子贴图】

当在 GI engine【反弹引擎】中设置 photo map【光子贴图】时，就会在 VRay 渲染面板中添加 Global photo map【全局光子贴图】卷展栏，如图 2-37 所示。

全局光子贴图有点类似于发光贴图，它也是用于表现场景中的灯光，是一个 3D 空间点的集合，但是光子贴图的产生使用了另外一种不同的方法，它是建立在追踪场景中光源发射的光线微粒（即光子）的基础上的，这些光子在场景中来回反弹，撞击各种不同的表面，这些碰撞点被储存在光子贴图中。

➥ **Bounces【反弹次数】**：控制光线反弹的近似次数，较大的反弹次数会产生更真实的效果，但是也会花费更多的渲染时间和占用更多的内存。

➥ **Auto search dist【自动搜寻距离】**：勾选的时候，VRay 渲染器会估算一个距离来搜寻光子。

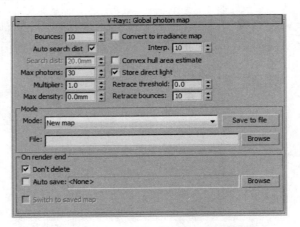

图 2-37　Global photo map【全局光子贴图】参数

➥ Search dist【搜寻距离】：这个选项只有在 "Auto search dist" 不勾选的时候才被激活，允许用户手动设置一个搜寻光子的距离，记住，这个值取决于你的场景的尺寸，较低的取值会加快渲染速度，但是会产生较多的噪波；较高的取值会减慢渲染速度，但可以得到平滑的效果。

➥ Max photons【最大光子数】：这个参数决定在场景中参与计算的光子数量，较高的取值会得到平滑的图像，从而增加渲染时间。

➥ Multiplier【倍增值】：用于控制光子贴图的亮度。

➥ Max density【最大密度】：这个参数用于控制光子贴图的分辨率。

➥ Convert to irradiance map【转化为发光贴图】：这个选项勾选后将会促使 VRay 预先计算储存在光子贴图中的光子碰撞点的发光信息。

➥ Interp Samples【插补样本】：这个选项用于确定勾选 "Convert to irradiance map" 选项的时候，从光子贴图中进行发光插补使用的样本数量。

➥ Convex hull area estimate【凸起表面区域评估】：该选项不勾选的时候，VRay 将只使用单一化的算法来计算这些被光子覆盖的区域，这种算法可能会在角落处产生黑斑。勾选后，可以基本上可以避免因此而产生的黑斑，但是同时会减慢渲染速度。

➥ Store direct light【存储直接光】：在光子贴图中同时保存直接光照明的相关信息。

➥ Retrace threshold【折回极限值】：设置光子进行来回反弹的倍增的极限值。

➥ Retrace bounces【折回反弹】：设置光子进行来回反弹的次数。数值越大，光子在场景中反弹次数越多，产生的图像效果越细腻平滑，但渲染时间就越长。

Mode【模式】参数组与 On render end【渲染结束后】参数组可参考前面章节的相同内容。

2.2.8　Light-cache【灯光贴图】卷展栏

Light-cache【灯光贴图】是沿着摄像机的可见光线，在追踪光线路径的基础上进行计算的，与之前的 photo map【光子贴图】相比较，它全面支持者 3ds max 系统提供的所有灯光类型，但其对 3ds max 系统提供的材质却不支持，同时在 Bump【凹凸】贴图类型的计算上也难臻完美。其对应的 Light-cache【灯光贴图】卷展栏参数如图 2-38 所示。

图 2-38　Light-cache【灯光贴图】参数

1.　Calculation parameters【计算参数】参数组

Subdivs【细分值】：该参数确定有多少条来自摄像机的路径被追踪。值越大，计算时间越长，得到的效果也越平滑，图面给人的感觉就越干净，如图 2-39 所示。

Sample size【样本尺寸】：决定灯光贴图中样本的间隔。较小的值意味着样本之间相互距离较近，灯光贴图将保护灯光锐利的细节，不过会导致产生噪波，并且占用较多的内存，反之亦然。

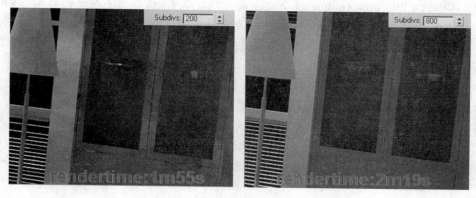

图 2-39　Subdivs【细分值】对渲染的影响

Scale【比例】主要用于确定样本尺寸和过滤器尺寸，其中 Screen【场景比例】按照最终渲染图像的尺寸来确定的，取值为 1.0 意味着样本比例和整个图像一样大，靠近摄像机的样本比较小，而远离摄像机的样本则比较大；World【世界单位】则意味着在场景中的任何一个地方都使用固定的世界单位，但也会影响样本的品质，靠近摄像机的样本会被经常采样，也会显得更平滑，反之亦然。当渲染摄像机动画时，使用这个参数可能会产生更好的效果，因为它会在场景的任何地方强制使用恒定的样本密度。

Store direct light：存储直接光照明信息，这个选项勾选后，灯光贴图中也将储存和插补直接光照明的信息。

Show calc.phase：显示计算状态，打开这个选项可以显示被追踪的路径。

Adaptive tracing【自适应追踪】和 Use directions only【只使用直接光】：勾选这两项参数能有效地降低场景中的噪点。

Number of passes【线程数量】：根据渲染所使用计算机的 CPU 核心数进行设置，如果是四核配置，则保持默认数值 4，如果是双核配置，则对应修改为 2。

2. Reconstruction parameters【优化参数】参数组

Pre-filter【预过滤器】：勾选的时候，在渲染前灯光贴图中的样本会被提前过滤。更多的预过滤样本将产生较多模糊和较少的噪波的灯光贴图。

Filter【过滤器】：这个选项确定灯光贴图在渲染过程中使用的过滤器类型以确定在灯光贴图中以内插值替换的样本是如何发光的，有以下三种方式可进行选择：

- ↘ None【没有】：即不使用过滤。这种情况下，最靠近着色点的样本被作为发光值使用，这是一种最快的选项。
- ↘ Nearest【最靠近的】：过滤器会搜寻最靠近着色点的样本，并取它们的平均值。
- ↘ Fixed【固定的】：过滤器会搜寻距离着色点某一确定距离内的灯光贴图的所有样本，并取平均值。

Use light cache for glossy rays【为光泽效果运用灯光贴图】：如果打开这项，灯光贴图将会把光泽效果一同进行计算，这样有助于加速光泽反射效果。

2.2.9 Environment【环境】卷展栏

1. GI Environment（skylight）override【GI 环境（天光）替代】参数组

VRay 渲染器所提供的灯光选择中并没有独立的天光类型，取而代之的是使用 GI Environment（skylight）override【GI 环境（天光）替代】参数进行天光效果的控制，其具体参数设置如图 2-40 所示。

图 2-40　Environment(skylight)override【GI 环境（天光）替代】参数

其中 On【开启】控制天光的打开关闭，其后的色块控制着天光的颜色；而 Multiplier【倍增器】用于控制天光的强度，单击其后的【None】按钮可以选择具体的环境贴图取代 3ds max 系统自身简单的天光效果，模拟出更为复杂的天光效果，此时天光的强度则由使用的环境贴图自身的亮度进行控制，Multiplier【倍增器】将失效。

2. Reflection/refraction environment override【反射/折射环境替代】参数组

Reflection/refraction environment override【反射/折射环境替代】的参数设置与 Environment(skylight)override【GI环境（天光）替代】完全一致，如图 2-41 所示。

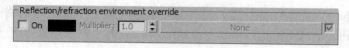

图 2-41　Reflection/refraction environment override【反射/折射环境替代】参数

此时各参数是针对系统的反射/折射环境进行设定的，通过图 2-42 可以进行更好的理解，其中对于 HDRI【高动态贴图】大家可以参阅第 3 章的相关内容。

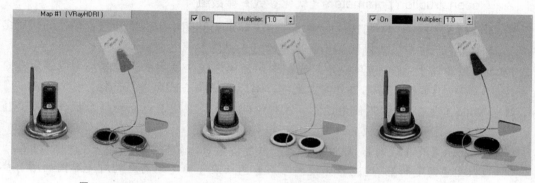

图 2-42　Reflection/refraction environment override【反射/折射环境替代】参数的控制效果

3. Refraction environment override【折射环境替代】参数组

在启用了 Reflection/refraction environment override【反射/折射环境替代】后，如图 2-43 所示 Refraction environment override【折射环境替代】参数组将被激活，该参数组的参数设置与前面两项的参数设置一致。观察图 2-44 可以更好地了解这组参数的含义。

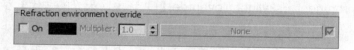

图 2-43　Refraction environment override【折射环境替代】参数

图 2-44　Refraction environment override【折射环境替代】参数的控制效果

2.2.10 DMC Sampler【蒙特卡罗采样器】卷展栏

展开 Setting【设置】选项卡，可以看到其具体的卷展栏设置集中了 VRay:DMC Sampler【VRayDMC 采样器】、VRay:Default displacement【VRay 默认置换】以及 VRay:System【系统】三个卷展栏，单击打开【VRayDMC 采样器】卷展栏，其具体参数项设置如图 2-45 所示。

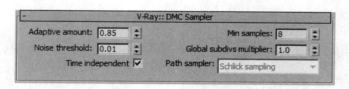

图 2-45　DMC 采样器参数设置

- ↘ Adaptive amount【自适应数量】：控制早期终止应用的范围，值为 1.0 意味着在早期终止算法被使用之前被使用的最小可能的样本数量。值为 0 则意味着早期终止不会被使用
- ↘ Noise threshold【噪波极限值】：该参数控制 VRay 渲染器对一种模糊效果是否足够好的时候的判断能力，在最后的结果中直接转化为噪波。较小的取值意味着较少的噪波、使用更多的样本以及更好的图像品质。
- ↘ Min samples【最小样本数】：确定在早期终止算法被使用之前必须获得的最少的样本数量。较高的取值将会减慢渲染速度，但会使早期终止算法更可靠。
- ↘ Global subdivs multiplier【全局细分倍增】：在渲染过程中这个选项会倍增任何地方任何参数的细分值，使用这个参数可以快速增加/减少任何地方的采样品质。

2.2.11 Color mapping【颜色映射】卷展栏

Color mapping【颜色映射】卷展栏内参数如图 2-46 所示，其通常被用于最终图像的色彩的转换。

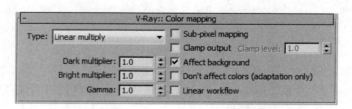

图 2-46　Color mapping【颜色映射】参数

Type【类型】：VRay 为大家提供了如图 2-47 所示的 7 种颜色映射类型，在室内效果图的制作中，常用的类型有 Linear multiply【线性倍增】、Exponential【指数倍增】、Reinhard【混合映射】，如图 2-48 所示为几种颜色映射对图像的影响。

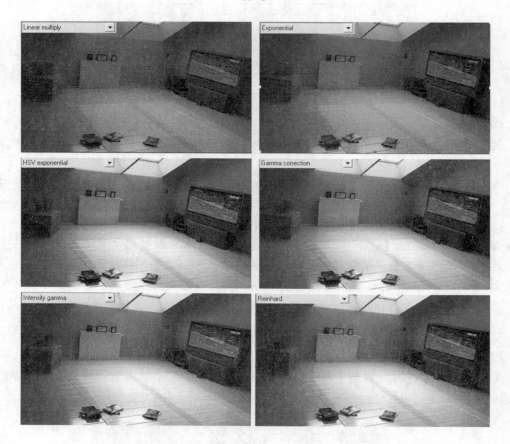

图 2-47　Color mapping【颜色映射】类型

图 2-48　Color mapping【颜色映射】类型对图像的影响

　　由图 2-48 可以发现同一个场景由于颜色映射类型的变换，场景的渲染效果也发生了微妙的变化。同时也可以发现 Linear multiply【线性倍增】所得到的图像色彩艳丽，但靠近光源的区域的亮度过高，极易引起曝光过度；Exponential【指数倍增】则有效的解决了光源处亮度过高的现象，但整个画面的对比度与饱和度却略显不足；Reinhard【混合曝光】则结合了这两种常用类型的特点，选择这种曝光方式，可以通过 Burn value【混合值】将 Linear multiply【线性倍增】与 Exponential【指数倍增】有机的结合，该参数为 1 时，画面效果接近于 Linear multiply【线性倍增】效果，参数设为 0 时，则接近于 Exponential【指数倍增】效果。

2.2.12　System【系统】卷展栏

System【系统】卷展栏参数如图 2-49 所示。

1.　Raycaster params【光线投射参数选项组】

光线投射是 VRay 渲染器必须完成的最基本的任务，确定光线是否与场景中的几何体相交。这个确定过程最简单的方法莫过于测试场景中每一个单独渲染的原始三角形的光线。

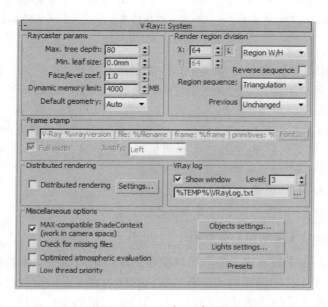

图 2-49　System【系统】参数

Max tree depth【最大树深度】：定义 BSP 树的最大深度。

Min leaf size【最小树叶尺寸】：定义树叶节点的最小尺寸。通常这个值设置为 0 时，意味着 VRay 将不考虑场景尺寸来细分场景中的几何体。

Face/level coef：该参数控制一个树叶节点中的最大三角形数量。如果这个参数取值较小，渲染将会很快。

Default geometry【静态几何学】：静态几何学在渲染初期是一种预编译的加速度结构，并一直持续到渲染帧完成。

注　意：静态光线发射器在任何路径上都不会被限制，并且会消耗所有能消耗的内存。

Dynamic geometry【动态几何学】：动态几何学是否被导入由局部场景是否正在被渲染确定，它消耗的全部内存可以被限定在某个范围内。

Dynamic memory limit【动态内存限定】：该参数定义动态光线发射器使用的全部内存的界限。

Render region division：【渲染区域划分】参数组，X：当选择 Region W/H 模式的时候，

以像素为单位确定渲染块的最大宽度；在选择 Region Count 模式的时候，以像素为单位确定渲染块的水平尺寸；Y：当选择 Region W/H 模式的时候，以像素为单位确定渲染块的最大高度；在选择 Region Count 模式的时候，以像素为单位确定渲染块的垂直尺寸。

Reverse sequence【反向次序】：勾选的时候，采取与前面设置的次序的反方向进行渲染。

Region sequence【渲染块次序】：确定在渲染过程中块渲染进行的顺序。

注意：如果你的场景中具有大量的置换贴图物体、VRayProxy 或 VRayFur 物体的时候，默认的三角形次序是最好的选择，因为它始终采用一种相同的处理方式，在后一个渲染块中可以使用前一个渲染块的相关信息，从而加快了渲染速度。其他的在一个块结束后跳到另一个块的渲染序列对动态几何学来说并不是好的选择。

Previous【先前渲染】：先前渲染这个参数确定在渲染开始的时候，在 VFB 中以什么样的方式处理先前渲染图像，注意这些参数的设置都不会影响最终渲染效果，系统提供了以下方式：

- Unchanged【不改变】：VFB 不发生变化，保持和前一次渲染图像相同。
- Cross【十字交叉】：每隔两个像素图像被设置为黑色。
- Fields【区域】：每隔一条线设置为黑色。
- Darken【暗调】：图像的颜色设置为黑色。
- Blue【蓝调】：图像的颜色设置为蓝色。

2. Frame stamp【帧水印】参数组

通过 Frame stamp【帧水印】参数可以按照一定规则以简短文字的形式显示关于渲染的相关信息。它是显示在图像底端的一行文字，文字内容可以进行自己设计，只是编写需要使用 VRay 渲染器特定的语法格式：由%号+具体的关键词组合而成。常用的语法与关键词如下：

- %VRayversion：显示当前使用的 VRay 的版本号。
- %filename：当前场景的文件名称。
- %frame：当前帧的编号。
- %primitives：当前帧中交叉的原始几何体的数量（指与光线交叉）。
- %rendertime：完成当前帧的花费的渲染时间。
- %computername：网络中计算机的名称。
- %date：显示当前系统日期。
- %time：显示当前系统时间。
- %w：以像素为单位的图像宽度。
- %h：以像素为单位的图像高度。
- %camera：显示帧中使用的摄像机名称（如果场景中存在摄像机的话，否则是空的）。
- %ram：显示系统中物理内存的数量。
- %vmem：显示系统中可用的虚拟内存。

⬊　%mhz：显示系统 CPU 的时钟频率。

⬊　%os：显示当前使用的操作系统。

Font【字体】：这个按钮可以为显示的信息选择一种不同的字体。

Full width【全部宽度】：勾选的时候，显示的信息将占用图像的全部宽度，否则使用文字信息的实际宽度。

Justify【调整位置】：指定文字在图像中的位置，可以选择 Left【左边】、Center【中间】与 Right【右边】。

3．VRaylog【VRay 信息窗口】参数组

Show window【显示窗口】：勾选的时候在每一次渲染开始的时候都显示信息窗口。

Level【级别】：确定在信息窗口中显示哪一种信息，VRay 渲染器设定了 4 个信息级别，划分如下：

1——仅显示错误信息。

2——显示错误信息和警告信息。

3——显示错误、警告和情报信息。

4——显示所有 4 种信息。

Log file【信息文件】：这个选项确定保存信息文件的名称和位置，默认的名称和位置是 C:\VRayLog.txt。

4．Miscellaneous options【杂项】参数组

Max-compatible ShadeContext【兼容性】：这个参数默认下是勾选的，原因是 3ds max 的插件有很多，其中大部分是针对 3ds max 默认的扫描线渲染器开发的，为了保证 VRay 渲染器能与这些插件并存并能相互谐调，自身也必须有较大的兼容性。

Check for missing files【检查缺少的文件】：勾选的时候，VRay 会试图在场景中寻找任何缺少的文件，并把它们列表，这些缺少的文件也会被记录到 C:\VRayLog.txt 中。

Optimized atmospheric evaluation【优化大气评估】：勾选这个选项，可以使 VRay 渲染器优先评估大气效果，而大气后面的表面只有在大气非常透明的情况下才会被考虑着色。

Low thread priority【低线程优先】：勾选这个选项将促使 VRay 渲染器在渲染过程中使用较低的优先权的线程。

Object Settings【对象设置】：单击该按钮会弹出如图 2-50 所示的 VRay object properties【VRay 物体参数】对话框。

在这个对话框中可以设置 VRay 渲染器中每一个物体的局部参数，这些参数都是在标准的 3ds max 物体属性面板中无法设置的，例如 GI 属性、焦散属性等。

⬊　Use default moblur samples【使用默认的运动模糊样本】：当这个选项勾选的时候，VRay 会使用在运动模糊参数设置组设置的全局样本数量。

⬊　Motion blur samples【运动模糊样本】：在使用默认运动模糊样本选项未勾选的时候，可以在这里设置需要使用的几何学样本。

⬊　Generate GI【产生 GI】：这个选项可以控制选择的物体是否产生全局光照明，后面的数值框可以设置产生 GI 的倍增值。

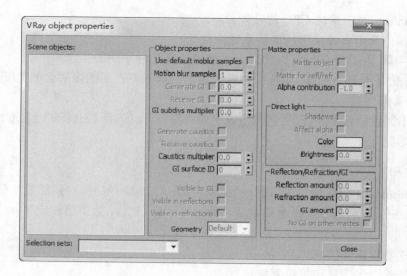

图 2-50　VRay object properties【VRay 物体参数】对话框

- Receive GI【接受 GI】: 控制被选择的物体是否接收来自场景中的全局光照明, 后面的数值框可以设置接收 GI 的倍增值。
- Generate caustics【产生焦散】: 这个选项勾选后, 被选择物体将会折射来自作为焦散发生器的光源的灯光因此而产生焦散。
- Receive caustics【接收焦散】: 这个选项勾选后, 被选择物体将会变成焦散接收器。当灯光被焦散发生器折射而产生焦散的时候, 只有投射到焦散接收器上的才可见。
- Caustics multiplier【焦散倍增值】: 设置被选择物体产生焦散的倍增值。
- Matte object【不可见物体】: 勾选的时候 VRay 将视被选择物体为 Matte 物体, 这意味着此物体无法直接在场景中可见。
- Alpha contribution【Alpha 分配】: 控制被选择物体在 Alpha 通道中如何显示。
- Shadows【阴影】: 这个选项允许不可见物体接收直接光产生的阴影。
- Affect alpha【影响 Alpha 通道】: 这将促使阴影影响物体的 Alpha 通道。
- Color【颜色】: 设置不可见物体接收直接光照射产生阴影的颜色。
- Brightness【亮度】: 设置不可见物体接收直接光照射产生阴影的明亮度。
- Reflection amount【反射数量】: 如果不可见物体的材质是 VRay 反射材质, 这个选项将控制其可见的反射数量。
- Reflection amount【折射数量】: 如果不可见物体的材质是 VRay 折射材质, 这个选项将控制其可见的折射数量。
- GI amount【GI 数量】: 控制不可见物体接收 GI 照明的数量。
- No GI on other mattes【不可见物体上不产生 GI】: 勾选这个选项可以让物体不影响其他物体的外观, 既不会在其他物体上投射阴影, 也不会产生 GI。

Light Settings【灯光设置对话框】: 在这个对话框中可以为场景中的灯光指定焦散或全局光子贴图的相关参数设置, 如图 2-51 所示。

- ↳ Generate caustics【产生焦散】: 勾选的时候, VRay 渲染器将使被选择的光源产生焦散光子。
- ↳ Caustic subdivs【焦散细分】: 设置 VR 用于追踪和评估焦散的光子数量。较大的值将减慢焦散光子贴图的计算速度, 同时占用更多的内存。
- ↳ Caustics multiplier【焦散倍增】: 设置被选择物体的产生焦散效果的倍增值。
- ↳ Generate diffuse【产生漫反射】: 勾选的时候, VRay 渲染器将使被选择的光源产生漫射照明光子。
- ↳ Diffuse subdivs【漫反射细分】: 控制被选择光源产生的漫射光子被追踪的数量, 较大的值会获得更精确的光子贴图, 也会花费较长的时间, 消耗更多的内存。
- ↳ Diffuse multiplier【漫反射倍增】: 设置漫反射光子的倍增值。

VRay presets【VRay 预设】: 在这个对话框中可以将已经设置好的 VRay 渲染器各项参数保存为一个 text 文件, 方便以后再次导入它们, 参数如图 2-52 所示。

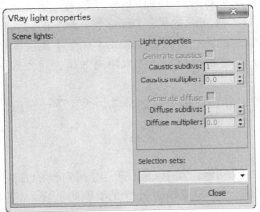

图 2-51　Light Settings【灯光设置对话框】　　　　图 2-52　VRay presets【VRay 预设】参数

这项功能在实际工作是相当有用的, 在进行测试渲染时或最终渲染时, 不同的场景总是需要手动去设置, 如果在测试渲染参数或最终渲染参数设置完成后, 打开 VRay presets【VRay 预设】对话框, 进行相应的命名, 然后单击 Save【保存】按钮, 就可以将其保存一份, 以后只要利用同一台计算机, 在进行任意场景的测试渲染与最终渲染时, 调用相应的文件名即可。

2.3　VRay 灯光

单击灯光创建面板, 通过下拉按钮选择【VRay】类型可以发现 VRay adv 2.40.03 渲染器提供了如图 2-53 所示的 4 种类型的光源, 而单击其中的【VRayLight】创建按钮, 如图 2-54 所示通过【类型】参数下拉按钮可展开其中包含的 Plane【平面】、Dome【穹顶】、Sphere【球体】、Mesh【网格】光源。

图 2-53　VRay 提供的四种光源

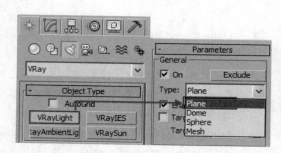

图 2-54　VRay 灯光所提供的四种类型灯光

2.3.1　VRaylight【VRay 灯光】

在 VRay 提供了灯光类型中，plane【平面】在实际的工作中使用频率最高，它是一个面光源，调整出合适的宽度与长度可以模拟极好的线光源效果；Dome【半球】的灯光自身形态是上半球形，置于场景环境中用来模拟散射的天光效果；Sphere【球型】类型的灯光自身形态呈球形，对于现实中形状类似的灯光都能进行模拟，如太阳光效果、月光效果以及灯泡发光效果。

由于 plane【平面】类型灯光的参数最为齐全，因此笔者将选择其为大家逐一进行灯光参数的讲解。

1.　General【常规】参数组

General【常规】参数组具体参数设置如图 2-55 所示，其中 On【开启】是灯光的开关，控制灯光效果是否影响场景；Type【类型】可以通过下拉菜单进行灯光类型的选择；这里着重要进行讲解的是 Exclude【排除】参数。

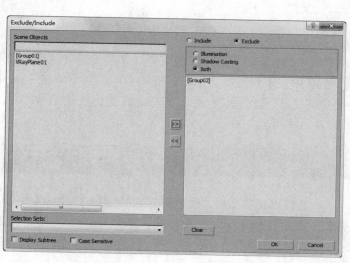

图 2-55　General【常规】参数　　　　　图 2-56　Exclude/Include【排除/包含】对话框

单击 Exclude【排除】按钮即弹出如图 2-56 所示的 Exclude/Include【排除/包含】对话框。该对话框左侧显示场景中所有的物体，单击中间的 » 按钮或双击场景物体的名称可使选择对象进入右侧的列表框中，其列表框控制灯光的 Exclude【排除】或 Include【包含】效果，其中有 Illumination【照明】、Shadow Casting【投射阴影】及 Both【两者兼之】三种选择。

观察图 2-57 可以形象地了解 Exclude【排除】功能的作用。

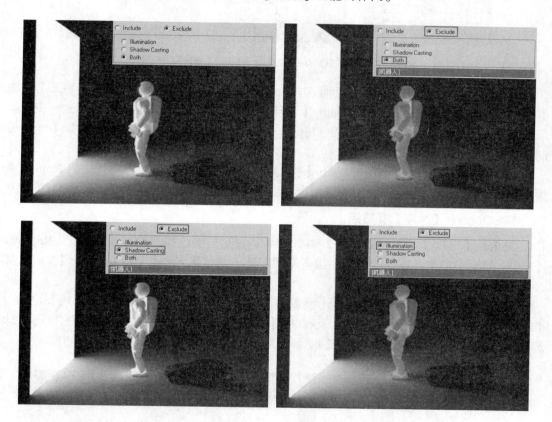

图 2-57　Exclude【排除】功能对物体光照与阴影效果的影响

2.　Intensity【强度】参数组

Intensity【强度】参数设置如图 2-58 所示，Units【单位】控制着灯光强度的计算单位；Color【颜色】参数控制灯光的发光颜色；Multiplier【倍增】参数控制灯光的发光强度。

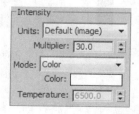

图 2-58　Intensity【强度】参数

3. Size【尺寸】参数组

Size【尺寸】参数组内参数会随着 VRay Light【VRay 灯光】类型的变化而变化，如图 2-59 所示。

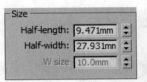 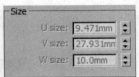 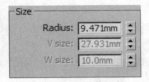

图 2-59　三种灯光类型的 Size【尺寸】参数

对于 Plane【平面】类型的灯光而言，Half-length【半长】与 Half-width【半宽】参数共同决定了灯光的大小与形状；　Dome【半球】的灯光没有灯光大小的与形状上的变化，所以其 Size【尺寸】参数全部呈灰色；Sphere【球型】灯光则只有 Radius【半径】一个控制参数。

值得注意的一点是，虽然 Intensity【强度】参数控制着灯光强度倍增值，但 Plane【平面】与 Sphere【球型】两种类型的灯光也会由于其发光面积的增大产生强度上的增强。

4. Options【选项】参数组

Options【选项】参数设置如图 2-60 所示，通过这些参数的开启与关闭，使 VRaylight【VRay 灯光】产生各方面的变化，接下来便来逐一测试这些参数对 VRaylight【VRay 灯光】及渲染对象的具体影响。

在默认的情况下 Options【选项】参数中 Ignore light normals【忽略灯光法线】、Affect diffuse【影响漫反射颜色】与 Affect specular【影响高光】是勾选的，首先来观察一下默认选项参数下灯光的渲染效果，如图 2-61 所示。

图 2-60　Options【选项】参数　　　　　图 2-61　默认 Options【选项】参数下灯光与材质效果

❑　Double-sided【双面】

勾选 Double-sided【双面】参数后，灯光将在前后两面产生同样的照明效果，这个参数只有在 Plane【平面】灯光类型才有用，效果如图 2-62 所示。

❏　Invisible【不可见】

　　勾选 Invisible【不可见】参数，对灯光的渲染效果并没有什么影响，但此时灯光自身形状大小将变得不可见，在实际的工作中这个常数通常是勾选的，得到的效果如图 2-63 所示。

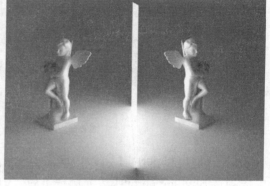

图 2-62　双面灯光效果　　　　　　　　　　　　　　图 2-63　勾选不可见参数对灯光的影响

❏　Ignore light normals【忽略灯光法线】

　　默认状态下 Ignore light normals【忽略灯光法线】是被勾选的，光线将沿着灯光的法线方向传播，即创建灯光时产生的箭头方向，如图 2-64 所示，此时得到渲染效果如图 2-65 所示。

图 2-64　灯光法线方向　　　　　　　　　　　　　　图 2-65　默认 Ignore light normals 的效果

❏　No decy【无衰减】

　　衰减效果是真实灯光发光时所具备的特点，因此在通常情况下这个参数都是不需要勾选启用的，勾选 No decy【无衰减】后，灯光的渲染效果如图 2-66 所示。

图 2-66　勾选 No decy【无衰减】对灯光的影响

❑　Skylight portal【天光门户】

勾选 Skylight portal【天光门户】后，VRaylight【VRay 灯光】的颜色、强度等参数将失去独立调整的能力，而由 GI Environment(sky light)【环境天光】控制，如图 2-67 所示。

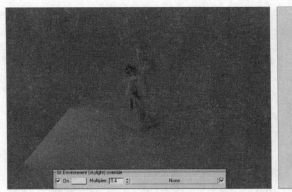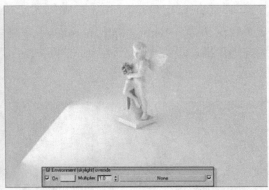

图 2-67　Skylight portal【天光门户】对灯光的影响

❑　Store with irrdiance map【储存发光贴图】

Store with irrdiance map【储存发光贴图】参数明显跟 irrdiance map【发光贴图】贴图有关，当我们在使用了 irrdiance map【发光贴图】，在进行计算时 VRay 渲染器将对 VRay 灯光进行重复计算并将灯光效果储存为发光贴图，从而进行图像渲染时节省出时间，勾选该参数后的渲染效果如图 2-68 所示。

❑　Affect diffuse【影响漫反射颜色】

Affect diffuse【影响漫反射颜色】绝大多数情况下是必须进行勾选的，因为进行灯光布置的一个原因就是要影响其漫反射效果，取消勾选后的渲染效果如图 2-69 所示。

图 2-68　勾选 Store with irrdiance map【储存发光贴图】对　　图 2-69　取消 Affect diffuse【影响漫反射颜色】的渲染效果

　　　　　　灯光的影响

❑　　Affect specular【影响高光】

Affect specular【影响高光】参数在通常状态也是必须进行勾选的，这样才会场景中的对象提供高光的反射对象，取消该参数后的渲染效果如图 2-70 所示。

5．Sampling【采样】参数组

VRay 灯光中的采样参数设置如图 2-71 所示，Subdivs【细分】参数会对灯光的噪点产生影响，细分值越高产生的噪点就越少，同时也会造成渲染时间上的延长；Shadow bias【阴影偏移】参数控制着阴影与物体之间偏移的距离，保持默认即可。

图 2-70　取消 Affect specular【影响高光】的渲染效果

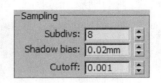

图 2-71　Sampling【采样】参数

2.3.2　VRay Shadow【VRay 阴影】

VRay Shadow【VRay 阴影】的出现实现了 3ds max 系统提供的灯光类型与 VRay 渲染器的良好对接使用，使其产生了与 VR 灯光一样真实的面积阴影效果，VRay Shadow【VRay 阴影】参数面板如图 2-72 所示。

Transparent shadows【透明阴影】：默认情况下，该参数处于勾选状态，这样就使得透明物体的阴影颜色与自身颜色产生联动，从而使阴影效果更真实，如图 2-73 所示。

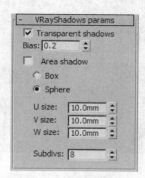

图 2-72　VRay Shadow【VRay 阴影】参数　　　　图 2-73　Transparent shadows【透明阴影】的影响

Bias【偏移】：该参数控制阴影位置发生偏移，其默认值能产生真实的投影效果，进行修改后会使阴影接近或偏离，如图 2-74 所示。

图 2-74　Bias【偏移】对阴影的影响

Area shadow【区域阴影】：在勾选这项参数后，选择其下的 Box【长方体】与 Sphere【球型】可以决定产生的阴影的光源呈长方体形状还是球形，并通过 U/V/W size【U/V/W 尺寸】控制阴影的清晰度，如图 2-75 所示。

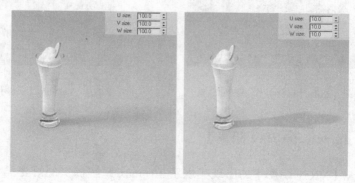

图 2-75　Area shadow【面积阴影】数值对阴影的影响

Subdivs【细分】：该细分值越高，阴影效果越好，计算耗时也越长。

2.3.3 VRaySun【VRay 阳光】和 VRaysky【VRay 天光】

1. VRaySun 与 VRaysky 的紧密联系

VRaysun【VRay 阳光】是 VRay 渲染器的另外一种灯光类型，如图 2-76 所示，单击其对应的创建按钮，在场景中创建出一盏 VRaysun【VRay 阳光】都会弹出如图 2-77 所示的对话框，询问用户是否在场景中自动添加 VRaysky【VRay 天光】环境贴图。

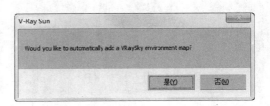

图 2-76　VRay 灯光创建面板　　　　　　图 2-77　是否自动添加 VRaysky 环境贴图

2. 详析 VRaySun【VRay 阳光】

VRaySun【VRay 阳光】的参数设置如图 2-78 所示，对于这些参数的作用，笔者将通过一个简单的场景来进行说明，为了避免 VRaysky【VRay 天空】贴图产生的影响，在创建 VRaysun【VRay 阳光】时拒绝了 VRaysky【VRay 天空】贴图的添加，手动设置了场景的背景色为白色。

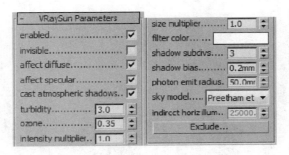

图 2-78　VRaySun【VRay 阳光】参数

❑ enabled【启用】

只有勾选 enabled【启用】时，VRaySun【VRay 阳光】才产生效果。

❑ invisible【不可见】

区别于 VRaylight【VRay 灯光】中的同名参数，勾选此处的 invisible【不可见】可以消除镜面物体表现产生的斑点。

❑ turbidity【浑浊度】

可以控制大气的浑浊度，最小参数值可设置为 2，最大参数值为 20。对照如图 2-79 所示的渲染效果，可以发现该参数值设置越小，大气的浑浊度越低，得到的阳光效果就越接纯净，图面的亮度也较高，整体光照效果类似于现实中午时的光照效果；参数值设置越大，大气浑浊度越高，整体的光照效果类似于现实中清晨或黄昏的效果。

图 2-79　turbidity【浑浊度】参数对阳光效果的影响

❏　ozone【臭氧层】

在现实中臭氧层对阳光强度的影响并不大，它主要是吸收太阳光中的紫外线等有害光波辐射，这个吸收过程对自然万物的生存意义巨大，但对阳光只有颜色上的一些改变。该参数值设置越高，臭氧层越厚，吸收能力就越强，此时阳光的色彩就显得丰富一些，反之阳光的色彩就显得纯净一些，通过观察图 2-80 可以发现对于效果图的表现而言这一点特性很难表现出来，因此保持默认参数值即可。

图 2-80　ozone【臭氧层】参数对阳光效果的影响

❏　intensity multiplier【强度倍增】

用于控制阳光的强度，观察图 2-81 可以发现，这个参数非常敏感，因此读者在对该参数值进行调整时不宜进行跨度较大的数值改变。

❏　size multiplier【尺寸倍增】

控制 VRaySun【VRay 阳光】的投影清晰度，如图 2-82 所示数值越小，投影越清晰，在室内效果图表现中保持默认参数即可。

图 2-81　intensity multiplier【强度倍增】对阳光效果的影响

图 2-82　size multiplier【尺寸倍增】对阴影效果的影响

❑　shadow subdivs【阴影细分】

控制阴影的质量，参数设置越高，阴影效果越好，边缘产生的噪波越少，但同时也会增加渲染时间。

❑　shadow bias【阴影偏移】

类似于 VRay shadow【VRay 阴影】中的 Bias【偏移】参数，可以用来改变阴影的相对位置，常保持默认的参数值。

❑　photo emit radius【光子发射半径】

需要使用 photomap【光子贴图】做为反弹引擎才可以产生作用，保持该参数为默认值即可。

❑　exclude【排除】

与 VRaylight【VRay 灯光】中的同名按钮的参数意义完全一样。

3. 详析 VRaySky【VRay 天光】

在添加 VRaySun【VRay 阳光】时，如果选择自动添加 VRay Sky【VRay 天光】环境贴图，按 8 键打开 3ds max 系统的 Environment and Effects【环境与特效】面板，如图 2-83 所示，就可以发现系统已经自动在 Environment map【环境贴图】添加了 VRay Sky【VRay 天光】贴图。

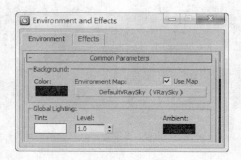

图 2-83　Environment and Effects【环境与特效】面板

按 M 键打开材质编辑器，如图 2-84 所示，将该贴图关联复制到一个空白材质球上并可以对 VRay Sky【VRay 天光】贴图参数进行设置。

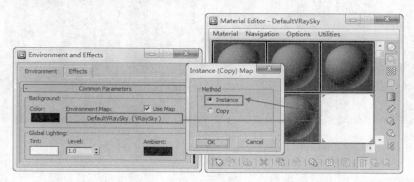

图 2-84　将 VRay Sky【VRay 天光】贴图关联复制到空白材质球

此时再单击对应材质球，可以发现 VRay Sky【VRay 天光】贴图的参数如图 2-85 所示。

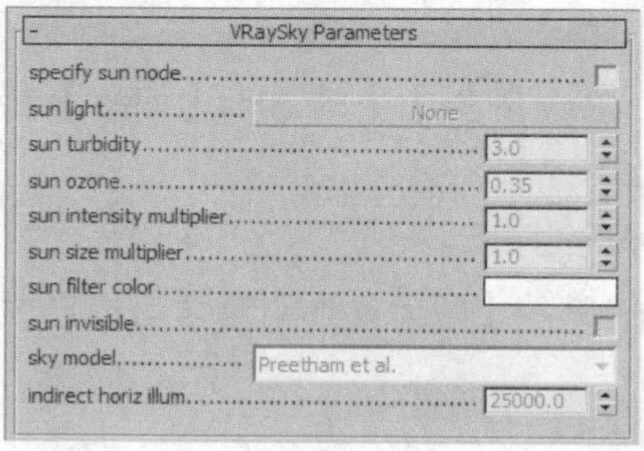

图 2-85　VRay sky【VRay 天光】贴图参数

当前情况下，VRay Sky【VRay 天光】贴图的参数全部处于灰色冻结状态，勾选 specify

sun node【手动太阳光源】即可激活所有参数。

❑ **Sun light【太阳光】**

是连接 VRay Sky【VRay 天光】贴图与 VRaySun【VRay 阳光】的桥梁，VRay Sky【VRay 天光】贴图自身并没有发光效果，要实现发光效果可以借助于 VRay Sun【VRay 阳光】实现发光效果，可以通过单击 None 按钮，拾取到场景中的 VRay Sun【VRay 阳光】。

❑ **Sun turbidity【太阳浑浊度】**

VRay Sky【VRay 天光】的参数设置与 VRaySun【VRay 阳光】极为类似，这应该也是为了更好地结合两者使用，如图 2-86 所示，此处的 Sun turbidity【太阳浑浊度】参数值越高，阳光色调越偏向于黄色调，天空背景越浑浊；参数值越低，阳光色调偏向于蓝色，天空背景越蔚蓝。

图 2-86　Sun turbidity【太阳浑浊度】的影响

❑ **Sun ozone【阳光臭氧层】**

Sun ozone【阳光臭氧层】参数与 VRaySun【VRay 阳光】中的 ozone【臭氧层】参数意义一样，保持默认设置即可。

❑ **Intensity Multiplier【强度倍增】**

VRay Sky【VRay 天光】中 Intensity Multiplier【强度倍增】参数同样敏感，数值的轻微改变对灯光的强度会产生较大的影响，如图 2-87 所示。

图 2-87　Intensity Multiplier【强度倍增】对渲染效果的影响

❑   Sun size multiplier【阳光尺寸倍增】

Sun size multiplier【阳光尺寸倍增】同样控制阳光投影的清晰度，对画面的亮度也会产生稍许的改变，如图 2-88 所示。

图 2-88   Sun size multiplier【阳光尺寸倍增】对渲染效果的影响

    VRay Sun【VRay 阳光】与 VRay Sky【VRay 天光】的结合使用能十分快捷的模拟出各个时间段的室外光线氛围，如图 2-89 所示，只需要参考现实世界中太阳与地面的相对位置，通过对 VRaySun【VRay 阳光】的位置进行对应的调整，即使不进行任何参数上的调整，所得到的阳光效果与天空背景的氛围都是比较理想的，本书中绝大部分的实例中的阳光效果都是通过 VRaySun【VRay 阳光】与 VRay Sky【VRay 天光】的结合使用完成的。

图 2-89   各时段室外阳光氛围的模拟

2.4 VRay 相机

VRay 相机有两种类型，如图 2-90 所示的 VRay Dome Camera【VRay 穹顶相机】与 VRay Physical Camera【VRay 物理相机】。前者模拟一种如图 2-91 所示的特效摄影效果，在室内效果图的表现中基本发挥不了作用，而 VRay Physical Camera【VRay 物理相机】却在室内效果图的表现中大放异彩，接下来笔者将着重对其参数进行讲解。

图 2-90　VRay 相机类型

图 2-91　穹顶相机效果

1.　Basic parameters【基本参数】参数组

Basic parameters【基本参数】设置如图 2-92 所示，它主要控制 VRay 物理相机的类型以及调整相机对拍摄物体取得的透视、亮度等效果。

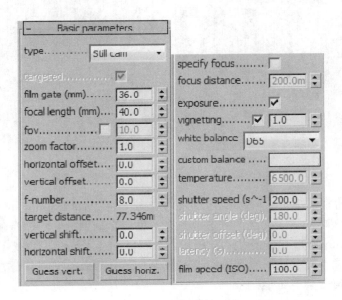

图 2-92　Basic parameters【基本参数】

type【类型】：VRay Physical Camera【VRay 物理相机】有三种类型：Still camera【静

态相机】主要模拟常规的静态画面的相机；Cinematic camera【电影相机】主要模拟电影相
机效果；Video camera【视频相机】主要模拟录像机的镜头。

targeted【目标】：是否手动控制相机的目标点。

film gate（mm）【片门大小】：是指感光材料的对角尺寸，也就是常说的底片大小，如
图 2-93 所示，该数值越大画幅也就会越大，透视越强，所看到的画面也越多。

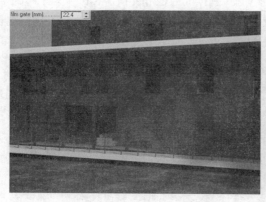

图 2-93　film gate（mm）【片门大小】对图像透视的影响

focal length（mm）【焦长】：控制相机的焦长，该数值越小，透视越强，所看到的画面
也越多同时也会影响到画面的感光强度。

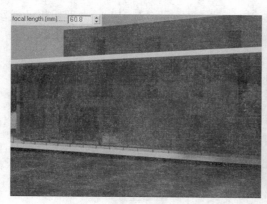

图 2-94　focal length（mm）【焦长】对图像透视的影响

zoom factor【视图缩放】：控制相机的视角大小，与 focal length（mm）【焦长（mm）】
功能相似，只是该功能只改变画面的透视效果，不会影响到画面的感光强度。

综上所述，film gate（mm）【片门大小】、focal length（mm）【焦长】以及 zoom factor
【视图缩放】三项参数共同影响图像的透视效果，而接下来即将讲解到的各项参数则主要
用来调整图像亮度与色彩方面的效果。

f-number【光圈数值】：光圈数值就是控制光通过镜头到达胶片所通过的孔的大小，数
值越小进光量越大，得到的图像亮度越亮，反之就越暗，如图 2-95 所示。

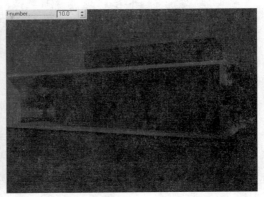

图 2-95　f-number【光圈数值】对图像亮度的影响

distortion【扭曲】：扭曲效果是由下面的 distortion type【扭曲类型】来控制的，可用选择 Quadratic【平方】与 Cubic【立方】两种计算的扭曲类型。

vertical shift【垂直变形】：可以控制在垂直方向的透视效果，类似于 Camera correction【相机修正】功能，常使用 Guess vertical shift【自动调整垂直变形】按钮进行自动校正。

specify focus【指定焦点】：勾选该选项后，用户可以用下面的 focus distance【焦点距离】选项来改变相机目标点到相机镜头的距离。

exposure【曝光】：勾选此参数后，改变场景亮度一些选项【f-number（光圈）、shutter speed（快门）、ISO（感光系数）】才能起作用。

vignetting【渐晕】：该功能可以模拟真实相机的虚光效果，也就是图 2-96 右图所示的画面中心部分比边缘部分的光线亮的效果。

图 2-96　vignetting【渐晕】对图像效果的影响

white balance【白平衡】：真实相机不会像大脑一样智能处理色彩信息，所拍摄的画面和肉眼所看到的会一有定差别，白平衡就是针对不同色温条件下，通过调整摄像机内部的色彩电路使拍摄出来的影像抵消偏色，更接近人眼的视觉习惯，如图 2-97 所示。

图 2-97　white balance【白平衡】对图像整体色调的影响

shutter speed【快门速度】：快门速度控制光通过镜头到达感光材料（胶片）的时间，其时间长短会影响到最后图像的亮度，也就是说如果将快门速度设为 80，那么最后的实际快门速度为 1/80 s，数值小的快门慢通过的光就会多，感光材料（胶片）所得到的光就会越多，最后的图像就会越亮，反之越暗，如图 2-98 所示。

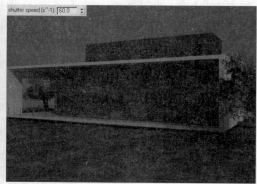

图 2-98　shutter speed【快门速度】对图像亮度的影响

Film speed（ISO）【ISO 胶片感光系数】：不同的胶片感光系数对光的敏感度是不一样的，数值越高胶片感光度就越高，最后的图像就会越亮，反之图像就会越暗，如图 2-99 所示。

图 2-99　Film speed（ISO）【ISO 胶片感光系数】对图像亮度的影响

2. Bokeh effects【散景效果】参数组

Bokeh effects（散景效果）可以实现镜头特殊的模糊效果，对于有景深效果的模糊的区域会产生如图 2-100 所示的松散的画面效果，Bokeh effects（散景效果）参数设置如图 2-101 所示。

- ↳ blades【边缘】: 勾选后可以改变散景后的形状边数数值，数值越大边数就越多，也就越接近圆形。
- ↳ rotation（deg）【旋转】: 控制边缘形状的旋转角度。
- ↳ center bias【中心偏移】: 控制边缘形状的偏移值。
- ↳ anisotropy【各向异性】: 控制边缘形状的变形强度，数值越大形状就越长。

图 2-100　散景效果

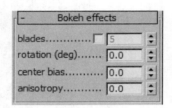

图 2-101　Bokeh effects【散景效果】参数

3. Sampling【采样】参数组

Sampling【采样】参数控制相机产生景深以及运动模糊特效，参数设置如图 2-102 所示。

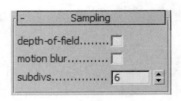

图 2-102　Sampling【采样】参数

- ↳ depth-of-field【景深】: 控制是否开启景深效果。当某一物体聚焦清晰时，从该物体前面的某一段距离到其后面的某一段距离内的所有景物也都是相当清晰的，焦点相当清晰的这段从前到后的距离就叫做景深，如图 2-103 所示。
- ↳ motion blur【运动模糊】: 控制是否开启运动模糊功能，它只适用于有运动画面的物体，效果如图 2-104 所示，对静态画面不起作用。
- ↳ subdivs（细分）: 对 depth-of-field（景深）和 Motion blur（运动模糊）功能的细分采样，数值越高效果越好，但渲染时间就越长。

图 2-103　Depth-of-field【景深】效果

图 2-104　motion blur（运动模糊）效果

第3章
VRay 灯光与摄影机

本章重点：

- VRay Light
- VRayIES
- VRaySun
- VRay 摄影机
- VRay 穹顶摄影机
- VRay 物理摄影机
- 制作景深特效

通过灯光创建面板的下拉按钮选择【VRay】类型可以发现 VRay adv 2.40.03 渲染器提供了如图 3-1 所示的 4 种类型的光源，而单击其中的【VRayLight】下拉列表中包含的 Plane【平面】、Dome【穹顶】、Sphere【球体】、Mesh【网格】光源，如图 3-2 所示。接下来将通过其中使用最为频繁、参数最为全面的 Plane【平面】灯光为大家详细讲解 VRay 灯光类型的参数。

图 3-1　VRay 提供的四种光源

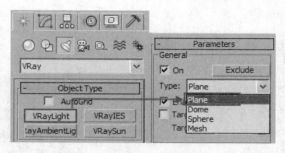

图 3-2　VRay 灯光所提供的四种类型灯光

3.1　VRay Light

打开本书配套光盘中的"VRaylight 测试"模型，如图 3-3 所示可以看到场景中有一个人物与飞机模型，接下来将利用这个简单的场景为大家讲解 VRay 灯光类型的参数。

Steps 01 如图 3-4 所示，在场景中单击【VRay 灯光】按钮后创建一盏【平面】类型的灯光。

图 3-3　打开 VRay 灯光测试场景

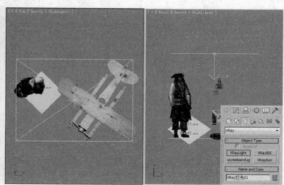

图 3-4　创建一盏平面类型的 VRaylight

Steps 02 选择灯光进入【修改面板】，可以看到如图 3-5 所示默认的灯光参数，而为了得到较精细的渲染图像以观察到灯光变化的细节，如图 3-6 所示设置好 VRay 渲染器的参数。

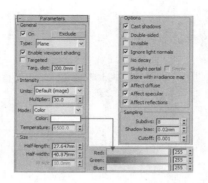

图 3-5　默认的 VRaylight 参数设置

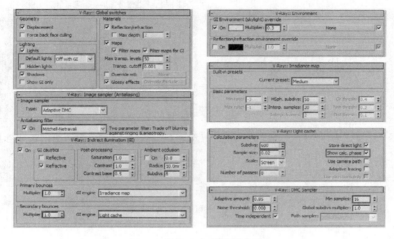

图 3-6　设置 VRay 渲染器参数

Steps 03 VRay 渲染器参数调整完成后，按 C 键进入摄影机视图单击渲染按钮，得到如图 3-7 所示的渲染结果，可以看到渲染图像中灯光亮度过高，模型与材质细节难以观察到细节。

Steps 04 如图 3-8 所示调整相关参数即可改善好灯光效果，接下来将对 VRaylight 的参数进行具体的了解。

图 3-7　默认参数 VRaylight 渲染结果

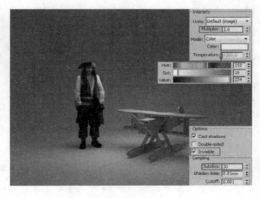

图 3-8　调整参数后的渲染结果

3.1.1 General【常规】参数组

VRaylight 的 General【常规】参数组具体参数设置如图 3-9 所示，该组参数控制
VRaylight 开启与否、照射对象、以及灯光形态类型。

1. On【启用】

该参数默认情况下处于勾选状态，取消该参数勾选则将如图 3-10 所示场创建的【VRay
灯光】不会产生任何照明及投影效果。

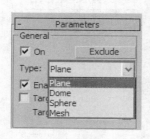

图 3-9 常规参数组设置

图 3-10 取消勾选启用渲染结果

2. Type【类型】

通过该参数后的下拉按钮可以将灯光类型从 Plane【平面】切换至 Dome【穹顶】或是
Sphere【球体】类型如图 3-9 所示。

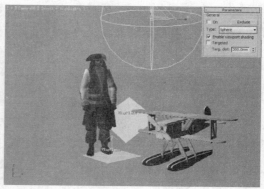

图 3-11 灯光类型切换

注 意： 默认的 VRaylight 形状类型为 Plane【平面】，虽然在灯光创建完成后仍然可以切换灯光形状
类型，但如果需要用到 Dome【穹顶】类型或是 Sphere【球体】类型时，最好切换到对应类型后再进行
灯光创建，这样才能更准确的定位灯光位置与大小。

3. Exclude【排除】

单击 Exclude【排除】按钮弹出如图 3-12 所示的 Exclude/Include【排除/包含】对话框，在其左侧的列表显示了当前场景中所有可操作的所有对象名称，选择对象名称后单击»按钮或直接双击对象名称可以将其添加至右侧排除的列表内。

当对象添加至右侧列表后，通过右上角的 Include【包含】或 Exclude【排除】参数便可以控制灯光对该对象的 Illumination【照明】、Shadow Casting【投射阴影】以及 Both【二者兼有】的灯光影响，接下来进行具体的了解。

`Steps 01` 将场景中【人物】添加至 Exclude【排除】列表并保持默认的 Both【二者兼有】参数，单击渲染可以看到渲染结果中【人物】模型没有接受至灯光直接照明效果同时没有投影效果，如图 3-13 所示。

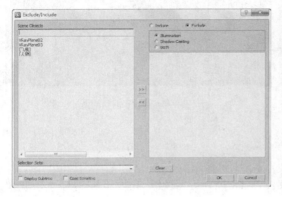

图 3-12　排除/包含对话框参数设置

图 3-13　排除人物模型的照明与投影

注意：灯光所调整的【排除】或是【包含】只影响灯光的直接照明效果，因此在图 3-13 中【人物】模型受灯光【间接照明】以及环境光的影响仍然存在，如果此时关闭场景中【间接光照】进行渲染将得到如图 3-14 所示的效果。

`Steps 02` 如果此时将默认的 Exclude【排除】切换为 Include【包含】选项，渲染则产生如图 3-15 所示效果，从图中可以看到此时灯光只对【人物】模型进行单独的照明与投影。

图 3-14　关闭间接照明后的渲染效果

图 3-15　切换至包含选项后的渲染效果

Steps 03 切换回 Exclude【排除】选项，然后选择 Illumination【照明】参数，渲染得到如图 3-16 所示的结果，可以看到【人物】模型没有得到灯光的直接照明，仅对其投射了阴影。

Steps 04 保持 Exclude【排除】选项，然后选择 Shadow Casting【投射阴影】，渲染得到如图 3-17 所示的结果，可以看到【人物】模型接受到了灯光的直接照明，但没有产生相应的投影效果。

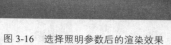

图 3-16　选择照明参数后的渲染效果　　　　　　图 3-17　选择投射阴影参数后的渲染效果

3.1.2　Intensity【强度】参数组

VRaylight 的 Intensity【强度】参数组如图 3-18 所示，该组参数用于控制灯光照明单位、颜色以及倍增强度。

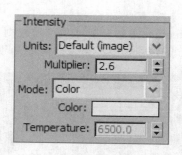
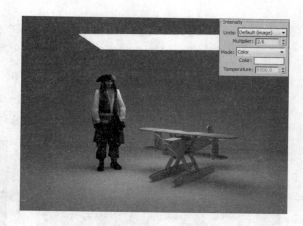

图 3-18　强度参数组设置　　　　　　　　　图 3-19　以 image【图像】为单位的渲染效果

1.　Uintis【单位】

该参数控制灯光以何种单位进行倍增变化，调整好其下的 Multiplier【倍增器】数值后，默认 image【图像】单位获得的图像效果如图 3-19 所示，切换至其他单位所渲染得到的图像分别如图 3-20~图 3-23 所示。

图 3-20　以 Luminous power【发光率】为单位的渲染结果

图 3-21　以 Luminance【亮度】为单位的渲染结果

图 3-22　以 Radiant power【辐射率】为单位的渲染结果

图 3-23　以 Radiance【辐射】为单位的渲染结果

从以上的渲染结果中可以发现，当在默认的 image【图像】单位下调整好 Multiplier【倍增器】数值取得了比较理想的灯光效果后，下面是这 5 个单位的具体定义。

Steps 01 image【图像】：该单位下以图像自身的亮度为基准，首先任意设定一个数值，通过渲染测试其亮度效果，然后根据该亮度进行调整，如图 3-24 与图 3-25 所示该单位下灯光的强度与灯光的尺寸大小有关。

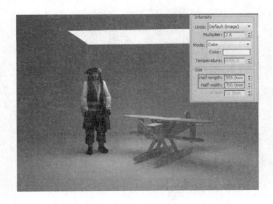

图 3-24　image【图像】大尺寸灯光效果

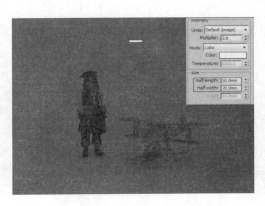

图 3-25　image【图像】小尺寸灯光效果

Steps 02 Luminous power【发光率】：该单位下其后设定的数值表示光源发射的总发光量，因此当 Multiplier【倍增器】数值一定时，灯光的尺寸大小对总体的亮度影响不大，但会影响材质表面的高光大小、反射以及衰减等特征，如图 3-26 与图 3-27 所示。

图 3-26　Luminous power【发光率】大尺寸灯光效果　　图 3-27　Luminous power【发光率】小尺寸灯光效果

Steps 03 Luminance【亮度】：该单位表示物体表面亮度（辉度）大小，如图 3-28 与图 3-29 所示使用该单位时灯光的强度与尺寸大小有关。

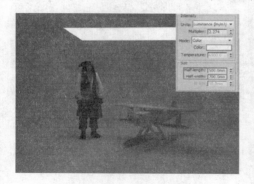

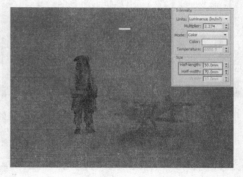

图 3-28　Luminace【亮度】大尺寸灯光效果　　　　图 3-29　Luminace【亮度】小尺寸灯光效果

Steps 04 Radiant power【辐射率】：该单位通常以 Watt【瓦特】测定灯光亮度，如图 3-30 与图 3-31 所示使用该单位时灯光尺寸对整体亮度影响不大。

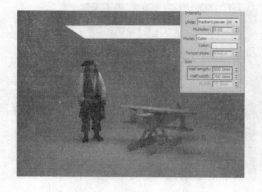

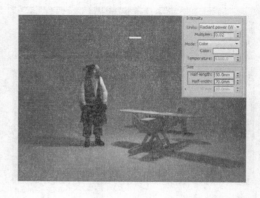

图 3-30　Radiant power【辐射率】大尺寸灯光效果　　图 3-31　Radiant power【辐射率】小尺寸灯光效果

Steps 05 Radiance【辐射】：该单位表示发光物体单位面积垂直向下的发光量，因此如图 3-32 与图 3-33 所示灯光的尺寸大小能直接影响到整体的亮度。

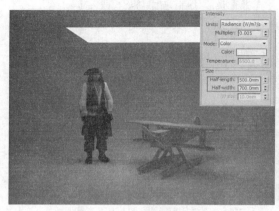

图 3-32 Radiance【辐射】大尺寸灯光效果

图 3-33 Radiance【辐射】小尺寸灯光效果

2. Color【颜色】

通过单击 Color【颜色】参数后的"颜色通道"可直接设置灯光的发光颜色，如图 3-34 与图 3-35 所示。

图 3-34 蓝色调冷色灯光效果

图 3-35 桔色调暖色灯光效果

3. Multiplier【倍增器】

如图 3-36 与图 3-37 所示通过设定其 Multiplier【倍增器】参数后的数值可以调整灯光的强度大小。

> **技巧**：当灯光自身颜色亮度较高时，即使曝光过度，灯光的颜色只会变成高亮的色调，如图 3-36 与图 3-37 所示，而当使用亮度较低的颜色时，灯光强度如果过高，则灯光颜色有可能在曝光区域变成纯白色，如图 3-38 与图 3-39 所示。

图 3-36　倍增值为 2.6 的强度

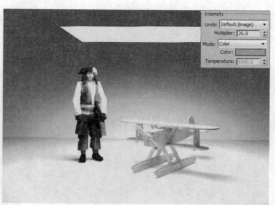
图 3-37　倍增值为 26 的强度

图 3-38　低亮底颜色合适灯光亮度效果

图 3-39　低亮度颜色曝光过度效果

3.1.3　Size【尺寸】参数组

VRaylight 的 Size【尺寸】参数组会随着 VRayligth 的 Type【类型】的变换而产生如图 3-40 所示变化。

图 3-40　灯光类型对尺寸参数组的影响

3.1.4 Options【选项】参数组

VRaylight 灯光的 Options【选项】参数组的具体参数如图 3-41 所示，保持默认的勾选状态，灯光的渲染结果如图 3-42 所示，而通过调整这些参数能十分快捷地改变灯光的特征。

图 3-41　VRaylight 默认勾选状态 　　　　　　图 3-42　默认选项参数下灯光的渲染效果

1.　Cast shadows【投射阴影】

该参数控制灯光对场景中是否对所有物体对象进行投影，取消参数的勾选将得到如图 3-43 所示没有任何投影效果的渲染图像。

2.　Double-side【双面】

默认参数下 Plane【平面灯光】只在其法线方向产生单面的照明效果，勾选 Double-side【双面】参数后前后两面均产生直接照明的效果如图 3-44 所示。

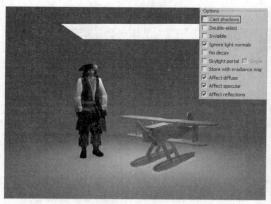

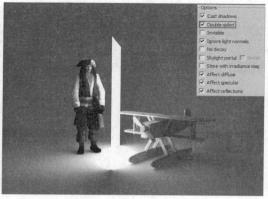

图 3-43　投影对灯光的影响 　　　　　　　　图 3-44　双面参数对灯光照明的影响

3.　Invisble【不可见】

默认情况下灯光自身的形状在渲染图像中是可见的，勾选 Invisble【不可见】后灯光自身形状在渲染图像中将被隐藏，如图 3-45 所示。

4．Ignore light normals【忽略灯光法线】

默认状态下 Ignore light normals【忽略灯光法线】参数被勾选，这样灯光将在法线面产生半球状的散射照明，而取消该参数勾选后光线只沿着法线方向进行直线传播，如图 3-46 所示。

图 3-45　不可见参数对灯光效果的影响　　　　图 3-46　忽略灯光法线对灯光效果的影响

5．No decay【无衰减】

默认情况下灯光将在法线方向一侧由近至远产生灯光由强至弱直至消失的衰减现象，勾选 No decy【无衰减】后灯光的渲染效果如图 3-47 所示。

6．Skylight portal【天光入口】

勾选 Skylight portal【天光入口】参数后，VRaylight 的【倍增器】以及之前介绍的【选项】参数将失去调整的能力，如图 3-48 所示渲染将不会产生光影效果。

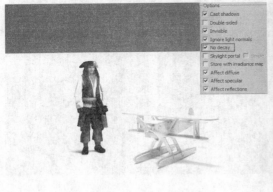

图 3-47　勾选无衰减参数对灯光效果的影响　　　　图 3-48　勾选天光入口参数对灯光效果的影响

7．Store with irradiance map【储存发光贴图】

当场景的【间接光照】使用了【发光贴图】引擎时勾选 Store with irradiance map【储

存发光贴图】参数，则在相关的光照信息计算 Vralight 的相关数据并保存，在下一次进行重复计算时被保存的数据将被重新利用，如图 3-49 与图 3-50 所示。

图 3-49　不勾选储存发光贴图的渲染效果及耗时　　　　图 3-50　勾选储存发光贴图的渲染效果及耗时

8.　Affect diffuse【影响漫反射】

默认参数下 Affect diffuse【影响漫反射】参数为勾选状态，如图 3-51 与图 3-52 所示的渲染效果可以发现，取消该参数的勾选后，场景中的【人物】躯体模型以及地面、背景均不再产生任何直接照明效果。

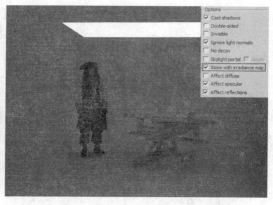

图 3-51　勾选影响漫反射参数的渲染结果　　　　图 3-52　取消勾选影响漫反射参数的渲染结果

9.　Affect specular【影响高光反射】

默认参数下该项参数为勾选状态，取消该参数的勾选后场景中材质极细微的高光反射细节将被忽略，除非是进行极细微的高光反射特写的渲染表现，否则该项参数勾选与否都不会对图像产生可观察到的影响，仅在渲染时间上产生极小的差异。

10.　Affect reflections【影响反射】

默认参数下 Affect reflections【影响反射】参数为勾选状态，如图 3-53 与图 3-54 所示取消参数的勾选，场景中具有的反射能力的对象将不再体现直接照明的反射现象。

图 3-53　勾选影响反射参数的渲染结果　　　　图 3-54　取消勾选影响反射参数的渲染结果

3.1.5　Sampling【采样】参数组

Sampling【采样】参数设置如图 3-55 所示，该组参数主要控制 VRaylight 产生阴影的品质高低以及阴影偏移量等细节效果。

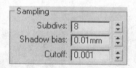

图 3-55　勾选影响反射参数的渲染结果

1.　Subdivs【细分】

Subdivs【细分】数值的高低可以控制渲染图像中的噪点、光斑等品质问题，如图 3-56 与图 3-57 所示该参数值设置越高图像质量越好，但同时也会增加渲染计算时间。

图 3-56　低细分渲染图像质量及耗时　　　　图 3-57　高细分渲染图像质量及耗时

2. Shadow bias【阴影偏移】

Shadow bias【阴影偏移】参数控制着阴影与投影物体之间的距离远近，如图 3-58 图 3-59 所示。

图 3-58　阴影偏移量为 0.01 时的阴影效果　　　　图 3-59　阴影偏移量为 100 时的阴影效果

3. Cuff off【中止】

Cuff off【中止】参数控制 VRaylight 照明的细节深浅，如图 3-60 与图 3-61 所示该参数设置越大，灯光的照明效果越容易中止。

图 3-60　中止值为 0.001 时的渲染效果　　　　图 3-61　中止值为 1.0 时的渲染效果

注 意：当 Cuff off【中止】设置的数值必须小于 VRaylight 在 Multiplier【倍增器】中设置的数值，否则灯光不会形成任何照明效果。

3.2　VRayIES

【VRayIES】是 VRay 渲染的一种灯光类型，该种灯光具体的参数设置如图 3-62 所示，通过加载光域网文件可以制作出如图 3-63 所示的筒灯光束效果。

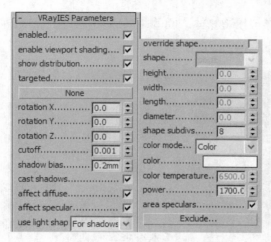

图 3-62　VRayIES 具体参数设置　　　　　图 3-63　使用 VRayIES 模拟出的灯光效果

3.2.1　Enabled【启用】

Enabled【启用】控制着 VRayIES 是否启用，默认为勾选，取消勾选则如图 3-64 所示不产生任何效果。

3.2.2　Targeted【目标点】

Targeted【目标点】控制 VRayIES 是否利用目标点进行灯光方向与角度的控制，默认为勾选，取消勾选后灯光的方向与角度将只能如图 3-65 所示通过旋转灯光自身进行控制

图 3-64　取消启用勾选渲染效果　　　　　图 3-65　使用旋转工具调整 VRayIes 朝向

默认的 VRayIes 灯光渲染结果如图 3-66 所示，单击 ▢▢▢▢ 按钮加载光域网文件进行发光效果的控制，渲染得如图 3-67 所示光束效果。

图 3-66 默认 VRayIES 光束效果 　　　　图 3-67 添加光域网文件后的效果

3.2.3 Cuffoff【截止】

Cuffoff【截止】控制 VRayIES 灯光的结束值，当灯光亮度衰减低于设定的数值时其照明效果将被结束，该参数与 VRaylight 中的同名参数意义完全一致。

3.2.4 Shadows bias【阴影偏移】

Shadows bias【阴影偏移】控制 VRayIes 灯光投影与投影物体的距离。

3.2.5 Cast shadows【投影】

该参数控制 VRayIES 是否启用投影效果，默认为勾选产生投影效果。

3.2.6 Use light shape【使用灯光截面】

当 VRayIES 加载了光域网文件时，如图 3-68 与图 3-69 所示勾选 Use light shape【使用灯光截面】参数将产生的光束效果表现得更为明显。

图 3-68 默认 VRayIes 光束效果 　　　　图 3-69 为 VRayIes 添加光域网文件

3.2.7　Shape subdivs【截面细分】

Shape subdivs【截面细分】用于控制灯光以及投影效果的品质。

3.2.8　Color Mode【色彩模式】

Color Mode【色彩模式】的下拉列表可以切换 Color【颜色】和 Temperature【温度】
两种模式。

* ↳　当选择 Color【颜色】模式时，VRayIes 将通过"色颜通道"进行灯光颜色的控制。
* ↳　当选择 Temperature【温度】模式时，VRayIes 将通过 Color Temperature【色温】
参数值进行灯光颜色的控制。

3.2.9　Power【功率】

通过 Power【功率】参数数值可以调整 VRayIes 的灯光强度。

3.3　VRaySun

VRaySun【VRay 阳光】功能十分强大，利用它可以灵活的模拟晴朗天气下各时间段
的阳光氛围，下面首先了解 VRaySun【VRay 阳光】的创建方法。

Steps 01 打开配套光盘中本章文件夹中的"VRaySun 测试.max"文件，如图 3-70 所示。

Steps 02 按 T 键切换到 Top【顶视图】，单击 进入灯光创建面板，如图 3-71 所示在 VRay
类型中单击 VRaySun【VRay 阳光】，在顶视图中创建一盏 VRaySun【VRay 阳光】。

图 3-70　打开 VRaySun 测试场景

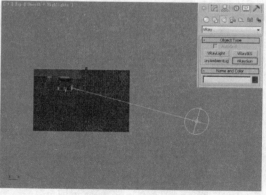

图 3-71　创建 VRaySun

Steps 03 在 Top【顶视图】中创建好 VRaySun【VRay 阳光】后，还需切换到 Left【左视图】
或是 Front【前视图】，如图 3-72 所示根据所表现的时间段氛围调整好灯光的高度与角度，
VRaySun【VRay 阳光】具体参数设置如图 3-73 所示，接下来对各个参数进行详细的了解。

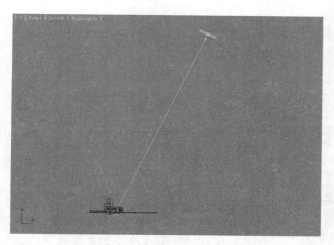

图 3-72　调整 VRaySun 的高度与角度

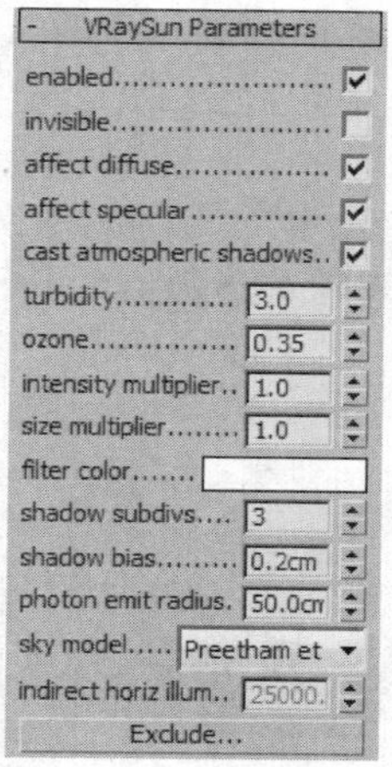

图 3-73　VRaySun 参数设置

3.3.1　Enabled【启用】

　　勾选该参数后场景中所创建的【VRay 阳光】才能产生光影效果，与 VRayIes 中的同名参数意义完全一致。

3.3.2　Invisble【不可见】

　　Invisble【不可见】控制 VRaySun 是否在渲染中虚拟为球体。

3.3.3　Turbidity【浊度】

　　Turbidity【浊度】控制的大气中浮尘的浑浊度，如图 3-74 与图 3-75 所示在同一灯光强度下随着该参数值的升高，浮尘越混浊，因此渲染图像中光线变得越来越昏暗。

图 3-74　浊度为 2 的渲染效果

图 3-75　浊度为 20 的渲染效果

3.3.4　Ozone【臭氧】

Ozone【臭氧】参数控制的是大气中臭氧的厚度，如图 3-76 与图 3-77 所示在同一灯光强度下随着该参数值的升高，臭氧增厚，渲染图像中光线亮度将有轻微的减弱。

图 3-76　臭氧数值为 0.1 时的渲染效果

图 3-77　臭氧数值为 1 时的渲染效果

技巧：区别于 Turbidity【浊度】参数的改变对于灯光强度与氛围颜色的强烈影响，Ozone【臭氧】参数所带来的改变十分微弱，因此在工作中很少通过调整该参数进行效果的改善，常保持默认数值即可。

3.3.5　Intensity multiplier【强度倍增】

Intensity multiplier【强度倍增】参数用于控制 VRaySun【VRay 阳光】的强度，如图 3-78 与图 3-79 所示略微增大该参数值即可在灯光亮度上带来十分明显的改变，因此调整时不宜进行大幅度的参数升降。

图 3-78　强度倍增为 0.01 时的渲染效果

图 3-79　强度倍增为 0.05 时的渲染效果

3.3.6 Size multiplier【尺寸倍增】

Size multiplier【尺寸倍增】参数控制 VRaySun【VRay 阳光】的投影边缘的清晰度，如图 3-80 与图 3-81 所示数值越小投影越清晰。

图 3-80　尺寸倍增为 1 时的渲染效果　　　　　　图 3-81　尺寸倍增为 10 时的渲染效果

3.3.7 Shadows subdivs【阴影细分】

Shadows subdivs【阴影细分】参数控制 VRaySun 产生的阴影的质量，如图 3-82 与图 3-83 所示该参数设置越高阴影边缘产生的噪波越少。

图 3-82　阴影细分为 1 时的渲染效果　　　　　　图 3-83　阴影细分为 16 时的渲染效果

3.3.8 Shadows bias【阴影偏移】

Shadows bias【阴影偏移】参数如图 3-84 与图 3-85 所示，通过其后的数值可以改变阴影相对投影物体位置的移动量，常保持默认的参数值。

图 3-84　阴影偏移为 0.2 时的渲染效果　　　　　　图 3-85　阴影偏移为 100 时的渲染效果

3.3.9　Photo emit radius【光子发射半径】

Photo emit radius【光子发射半径】参数如图 3-86 与图 3-87 所示，通过数值控制 VRaySun
【VRay 阳光】的光子发射半径大小。

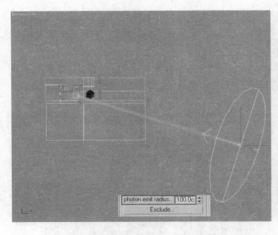

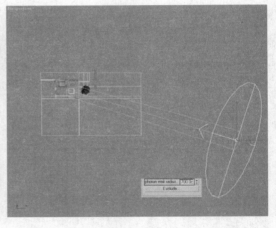

图 3-86　光子发射半径为 100 时的 VRay 阳光　　　图 3-87　光子发射半径为 700 时的 VRay 阳光

3.4　VRay 摄影机

vRay 摄影机一共有两种类型：VRay 穹顶摄影机（VRay DomeCamera）和 VRay 物理
摄影机（VRay PhysicalCamera），如图 3-88 所示。前者模拟一种穹顶相机效果，类似于 3ds
max 中自带的自由相机类型，已经固定好了相机的焦距、光圈等所有参数，唯一可控制的
只是它的位置；后者同现实中的相机功能相似，都有光圈、快门、曝光、ISO 等调节功能，
用户可以通过 VRay 的物理相机制作出更为真实的作品，如图 3-89 所示。

图 3-88　VRay 摄影机类型

图 3-89　鱼眼镜头所拍摄的透视畸变效果

3.5　VRay 穹顶摄影机

　　VRay 穹顶摄影机类似于 3ds max 中自带的自由相机类型，这里只做简单的介绍，参数如图 3-90 所示。

3.5.1　Filp X【翻转 X 轴】

　　勾选 Filp X【翻转 X 轴】后渲染将产生如图 3-91 所示的结果，仔细观察可以发现其图像效果产生左右对调的效果。

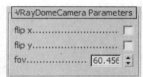

图 3-90　VRay 穹顶摄影机

3.5.2　Filp Y【翻转 Y 轴】

　　勾选 Filp Y【翻转 Y 轴】参数后渲染将产生如图 3-92 所示的结果，可以看到其使图像效果上下对调。

图 3-91　勾选翻转 X 轴后的渲染效果

图 3-92　勾选翻转 Y 轴后的渲染效果

3.5.3　Fov【视野（File of view）】

通过 Fov【视野（File of view）】后的数值设定可以精确控制【VRay 穹顶摄影机】的视野大小，如图 3-93 与图 3-94 所示设置数值越大，视野越开阔，渲染所产生的透视畸变效果越强烈。

图 3-93　Fov 为 90 时的渲染效果　　　　　　　　图 3-94　Fov 为 360 时的渲染效果

注　意： 当 VRayDomeCamera【VRay 穹顶摄影机】的 Fov【视野（File of view）】设定数值大于 180 时，其视图显示将会产生如图 3-95 所示的翻转，但在渲染结果中将如图 3-96 所示，不会产生这种变化。

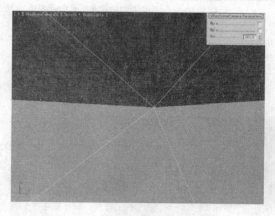

图 3-95　Fov 为 181 时的视图显示效果　　　　　　图 3-96　Fov 为 181 时的渲染效果

至此【VRay 穹顶摄影机】的参数讲解完成，通过对其参数的学习与渲染结果的观察可以发现，该种摄影机在效果图表现的使用有着很大的局限性，其对渲染图像的明暗、色彩并不具备调整功能，因此接下来重点学习 VRayPhysicalCamera【VRay 物理摄影机】的创建与使用。

3.6 VRay 物理摄影机

Steps 01 打开上一节中的场景，按 T 键切换至 Top【顶视图】如图 3-97 所示创建 VRay 物理摄影机。

Steps 02 在 Top【顶视图】中创建完【VRay 物理摄影机】后，再按 L 键切换到 Left【左视图】，调整好摄影机及其目标点的高度，如图 3-98 所示。

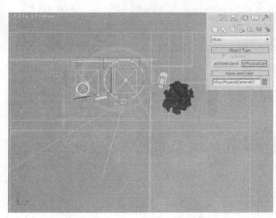

图 3-97　创建 VRay 物理摄影机

图 3-98　调整摄影机及其目标点的高度

Steps 03 调整好两者的高度后，按 C 键切入摄影机视图，如图 3-99 所示可以看到当前的视图观察效果并不理想，而如果保持默认参数，直接进行渲染将得到如图 3-100 所示的渲染结果。

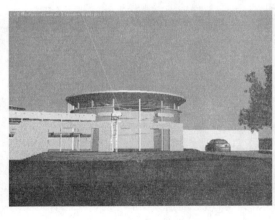

图 3-99　VRay 物理摄影机视图

图 3-100　默认 VRay 物理摄影机参数渲染效果

Steps 04 选择【VRay 物理摄影机】进入修改面板调整其参数，如图 3-101 所示，再次渲染将得到如图 3-102 所示的渲染效果。

接下来对物理相机的参数进行详细的了解。

图 3-101　调整 VRay 物理摄影机参数　　　　图 3-102　调整 VRay 物理摄影机参数后的渲染效果

3.6.1　Basic parametes【基本参数组】

Basic parametes【基本参数组】具体参数如图 3-103 所示，通过该参数组可以调整摄影机视图的透视以及其渲染图像的亮度、色彩等效果。

1.　type【类型】

右侧的下拉列表有三种类型的【VRay 物理摄影机】，如图 3-104 所示。其中默认的 Still cam【静态照相机】是常用的类型，可以模拟现实中拍摄的静态画面效果，Movie cam【电影摄影机】与 Video cam【视频录影机】针对于动态效果的渲染。

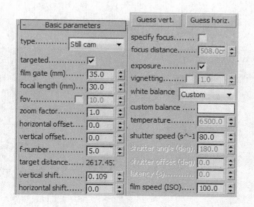

图 3-103　VRay 物理摄影机基本参数　　　　图 3-104　VRay 物理摄影机的三种类型

2.　targeted【目标】

targeted【目标】默认为勾选，此时可以通过移动其目标点调整其取景方向，如图 3-105 所示；如果取消勾选目标点将消失，此时摄影机的方向只能通过旋转摄影机自身进行调整，如图 3-106 所示。

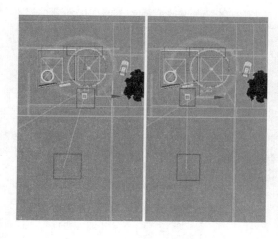
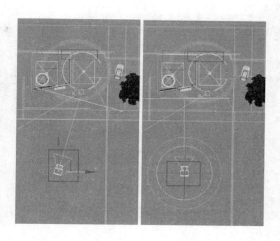

图 3-105　通过目标点调整摄影机方向　　　　　图 3-106　通过旋转调整摄影机方向

注意：Targeted【目标】参数勾选与否只影响【VRay 物理摄影机】取景方向的调整，对其他效果并不会产生影响。

3．Film gate【胶片规格】

film gate【胶片规格】参数在现实的摄影中指感光材料的对角尺寸大小，如图 3-107 与图 3-108 所示该数值越大，观察到的范围越宽，但范围内物体自身面积相对变小。

图 3-107　胶片规格为 35 时的渲染结果　　　　　图 3-108　胶片规格为 46 时的渲染效果

技巧：在现实的摄影中 Film gate【胶片规格】为 35mm 时拍摄的画面不会透视失真，因此在使用【VRay 物理摄影机】时如果所观察的范围过窄，可以先通过即将介绍的 Focal length【焦距】值进行调整。

4．Focal length【焦距】

focal length【焦距】参数同样用于调整画面的观察范围，如图 3-109 与图 3-110 所示该数值越小时所观察到的范围越宽，画面中的物体越小。

图 3-109　焦距为 30 时的渲染效果

图 3-110　焦距为 46 时的渲染效果

注　意： 在现实的摄影中普通镜头的焦距范围一般控制在 28~50mm，不在这个范围内的焦距有可能造成画面歪曲。

　　通过 Zoom factor【视图缩放】参数可以在不改变 Film gate【胶片规格】与【焦距】值的前提下调整视野范围，如图 3-111~图 3-113 所示。

图 3-111　缩放因数为 0.5 时视野大小

图 3-112　缩放因数为 1 时视野大小

图 3-113　缩放因数为 2 时的视野大小

5. f-number【光圈数值】

f-number【光圈数值】参数在现实的摄影中控制通过镜头到达胶片的光通量，如图 3-114 与图 3-115 所示，设置的参数值越大进光量越小，得到的图像越昏暗，数值越小进光量越大，得到的图像越明亮。

图 3-114　光圈数值为 5 的渲染效果　　　　　　　　　图 3-115　光圈数值为 8 时的渲染效果

6. vertical shift【垂直变形】

通过 vertical shift【垂直变形】可以在摄影机视图中调整失真现象，但当在该视图内观察到透视失真时通常如图 3-116 所示单击其下方的 Guess vertical shift【估算垂直移动】按钮自动校正。

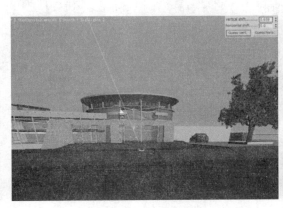

图 3-116　校正透视失真

7. specify focus【指定焦点】

勾选 specify focus【指定焦点】后 VRay 物理摄影机将如图 3-117 所示显示参考焦点距离的面片，此时可以通过下方的 Foucs distance【焦点距离】精确改变【VRay 物理摄影机】焦点位置，如图 3-118 所示。

 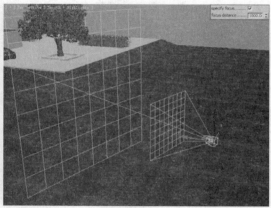

图 3-117　显示 VRay 物理摄影机面片　　　　　　图 3-118　参考片面位置调整焦点距离

8.　vignetting【渐晕】

在摄影及绘画作品中我们经常会看到如图 3-119 所示图片四周亮底暗于中心部位的艺术效果，在【VRay 物理摄影机】中保持 vignetting【渐晕】参数的勾选，渲染能得到如图 3-120 所示的类似效果。

图 3-119　摄影作品中的渐晕效果　　　　　　　　图 3-120　VRay 物理相机渐晕的渲染效果

9.　white blance【白平衡】

white blance【白平衡】能减少照片与实物间的色差，而通过摄影机中 white blance【白平衡】的"颜色通道"，可以改变渲染图像的整体色调，从而快速转换光线氛围的效果，如图 3-121 与图 3-122 所示。

此外通过 white blance【白平衡】右侧下拉列表可以选择 VRay 渲染器预置的一些白平衡效果，选用其中的 Daylight 与 D50 的渲染效果如图 3-123 与图 3-124 所示。

图 3-121　通过自定义白平衡加强图像中暖色表现

图 3-122　通过自定义白平衡加强图像中冷色表现

图 3-123　预置的 Daylight 白平衡渲染效果

图 3-124　预置的 D50 白平衡渲染效果

10．shutter speed【快门速度】

在现实摄影中 shutter speed【快门速度】指的是相机的快门元件完成"闭合-打开-闭合"的速度，速度越快光通过快门到达感光材料（胶片）的时间便越少，因此所得到的照片就越暗，如图 3-125 与图 3-126 所示该参数控制渲染图片的亮度。

图 3-125　快门速度为 200 的渲染效果

图 3-126　快门速度为 80 的渲染效果

11. ISO【照片感光度】

ISO 为胶片感光系数，在 VRay 物理摄影机中该参数值越高胶片感光能力越强，渲染图片越明亮，反之渲染得到的图像就会越昏暗，如图 3-127 与图 3-128 所示。

图 3-127　ISO 为 30 的渲染效果　　　　图 3-128　ISO 为 100 的渲染效果

3.6.2 Sampling【采样参数组】

Sampling【采样】参数组的具体参数设置如图 3-129 所示，通过该组产生可以控制 VRay 物理摄影机产生的 depth-of-field【景深】以及 motion blur【运动模糊】特效。

1. depth-of-field【景深】

勾选 depth-of-field【景深】后，通过【VRay 物理摄影机】焦点位置的调整，可以产生如图 3-130 与如图 3-131 所示的近景深效果与远景深效果。

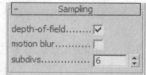

图 3-129　采样参数组设置

图 3-130　VRay 物理摄影机近景深特效　　　　图 3-131　VRay 物理摄影机远景深特效

2.　motion blur【运动模糊】

在【VRay 物理摄影机】中勾选 motion blur【运动模糊】参数后，如图 3-132 所示对场景中的某个对象添加运动效果，则通过渲染会产生如图 3-133 的运动模糊效果。

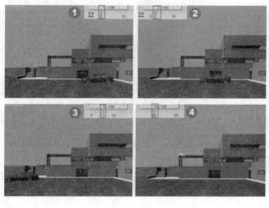

图 3-132　为汽车添加运动效果　　　　图 3-133　VRay 物理摄影机渲染到的运动模糊特效

3.　subdivs【细分】

subdivs【细分】参数控制【景深】和【运动模糊】功能的细分采样，如图 3-134 与图 3-135 所示值越高所产生的模糊区域效果越细腻平滑，而产生的清晰区域效果则越清晰锐利。

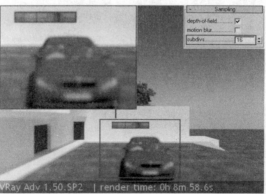

图 3-134　低采样值景深效果及耗时　　　　图 3-135　高采样值景深效果及耗时

3.7　制作景深特效

Steps 01 打开本书配套光盘中本章文件夹中的 "VRay 物理摄影机景深原始.max" 文件，如图 3-134 所示，这是一个已经创建好【VRay物理摄影机】的完整场景，由于只针对【VRay 物理摄影机】的 "景深" 效果的制作，该场景灯光、材质以及渲染参数均设置完成，在当前【VRay 物理摄影机】参数下所渲染得到的结果如图 3-135 所示。

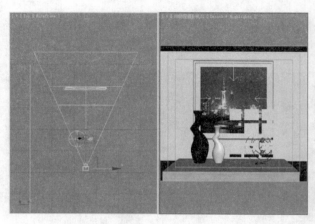

图 3-136　打开文件

图 3-137　当前渲染结果

Steps 02 从渲染结果中可以发现，图片的亮度比较适中但没有任何"景深"效果，因此选择【VRay 物理摄影机】进入修改面板勾选 Specify focus【指定焦点】，如图 3-136 所示参考 Top【顶视图】调整两块片面至书桌处。

Steps 03 勾选 Depth-of-field【景深】参数，在摄影机视图中渲染将得到如图 3-137 所示的结果，可以看到图像中背景稍微有些模糊，即在书桌处产生了轻微的"景深"效果。

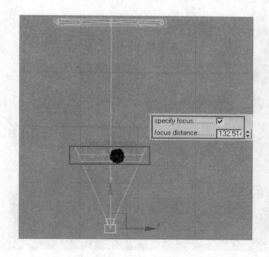

图 3-138　指定焦点至书桌处

图 3-139　渲染结果

此外还可以通过调整 Focal length【焦距】或是 F-number【光圈数值】参数加强"景深"效果。原理就是通过缩小定位【焦点】的两块面片自身的距离拉近，相对增大其他物体与"景深"区域的距离以加强景深效果。

第 4 章
VRay 材质详解

本章重点：

- VRay 材质类型
- 常用贴图类型
- 常用材质

本章将全面讲解在 VRay 渲染器基础上的材质制作，首先要了解什么是材质？材质是物理世界中相对物体的属性和特性，而三维软件能通过相关参数和设置模拟物体对象具有的色彩、纹理、光滑度、透明度、反射与折射、发光能力等属性，达到现实中材质属性与特性的视觉特征。

VRay 渲染器对于材质属性和特性的模拟，具体是通过其系统所提供的材质与贴图表现出来的，因此在使用 VRay 渲染器时，我们首选的材质类型与贴图类型应该来自于 VRay 渲染所提供的，这样图像渲染的真实性与正确性才有所保证。

4.1　VRay 材质类型

成功完成 VRay 渲染器的安装后，按 M 键打开材质编辑器，单击 Standard【标准材质】按钮，就会弹出如图 4-1 所示的 Material/Map Browser【材质/贴图浏览器】对话框，其中红色线框内为 VRay 渲染器独有的材质类型，首先为大家讲解的是 VRayMtl【VRay 基本材质】。

图 4-1　VRay 材质类型

4.1.1　VRayMtl【VRay 基本材质】

VRayMtl【VRay 基本材质】是利用 VRay 渲染器进行渲染时，使用频率最高的材质，它对材质的色彩、纹理、光滑度、透明度、反射与折射等都能进行十分逼真的模拟，首先来了解 VRayMtl【VRay 基本材质】的 Diffuse【漫反射】参数组。

1.　Diffuse【漫反射】参数组

Diffuse【漫反射】参数组内参数设置如图 4-2 所示，VRayMtl【基本材质】渲染效果如图 4-3 所示。

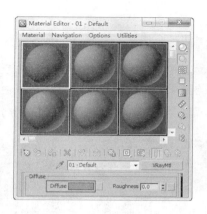

图 4-2　Diffuse【漫反射】参数　　　　　　　　　　图 4-3　VRayMtl【基本材质】渲染效果

单击 Diffuse【漫反射】色块可以打开 Color Selector【颜色选择器】对话框，它可以控制物体表面颜色，如图 4-4 所示。

图 4-4　Diffuse【漫反射】控制材质颜色

通过"颜色通道"后的按钮可以进入 Material/Map Browser【材质/贴图浏览器】，按照材质表面纹理效果的需要选择对应的贴图，如图 4-5 所示。

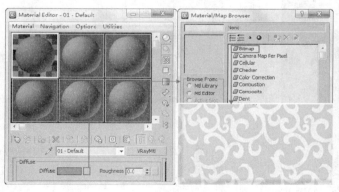

图 4-5　材质贴图效果

1. Reflection【反射】参数组

Reflection【反射】参数组内参数设置如图 4-6 所示。

Reflect【反射】后的颜色通道可以控制材质的反射效果，纯黑色材质将不产生任何反射效果；纯白色则会产生完全反射的效果，即材质的反射效果随着该颜色通道内颜色由黑至白逐步增强，如图 4-7 所示。

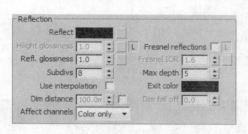

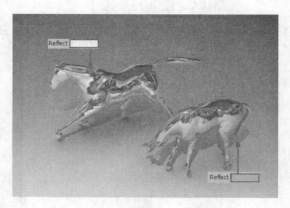

图 4-6　Reflection【反射】参数　　　　　图 4-7　反射颜色控制反射强度

通过反射效果的模拟后，可以发现物体表面的反射效果是保持恒定不变的，但在现实生活中物体表面的反射效果会随着光线的入射角度，距离远近等因素发生变化，如图 4-8 所示，在物理学上称之为"菲涅尔反射"现象，该现象广泛存在于水面、地板等材质表面，可以发现菲涅尔效果使反射现象由入射角度的变化而发生衰减，越靠近中间反射现象越弱。

图 4-8　生活中的"菲涅尔反射"现象

VRay 渲染器有两种方式可以表现"菲涅尔反射"，第一种方式可以直接勾选 Fresnel reflection【菲涅尔反射】即可，渲染效果如图 4-9 所示。

菲涅尔效果也可以通过单击激活 Fresnel reflection【菲涅尔反射】右侧的 L 按钮，再调整 Fresnel IOR【菲涅尔反射率】来控制菲涅尔反射的强弱，数值为 0 时，不会产生菲涅尔反射；数值为 1 时，材质的反射能力消失，如图 4-10 所示。

图 4-9　Fresnel reflection【菲涅尔反射】效果

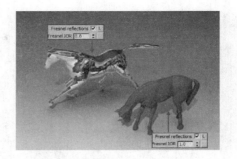

图 4-10　Fresnel IOR【菲涅尔反射率】的影响

第二种方式可以在反射贴图通道内添加 Falloff【衰减】贴图，并将衰减类型调整成 Fresnel【菲涅尔】，具体参数调整如图 4-11 所示，此时的菲涅尔反射效果与之前勾选 Fresnel reflection【菲涅尔反射】产生的效果，如图 4-12 所示。

图 4-11　Falloff【衰减】贴图参数

图 4-12　菲涅尔效果

Max depth【最大深度】：控制反射的最大深度，即反射的次数。默认参数值为 5，则反射进行 5 次，如果设置为 1，则反射一次，反射次数越多，反射细节就越丰富，计算反射所耗费的时间也会增加，如图 4-13 所示。

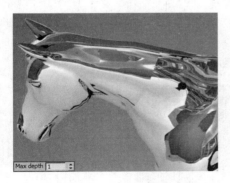

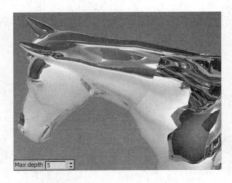

图 4-13　Max depth【最大深度】对反射效果的影响

Exit Color【退出颜色】：该参数与反射的 Max depth【最大深度】有关，假设如果只设置两次反射深度，在完成了那两次反射物体表面肯定还会存在再发生反射的区域，此时这些区域表面就不会反射出其周围物体的形态与颜色，取而代之的则是以 Exit Color【退出颜色】填充，如图 4-14 所示。

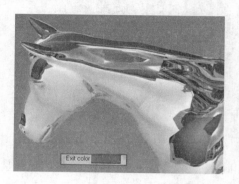 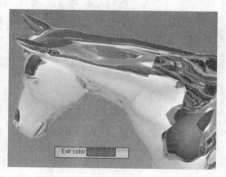

图 4-14 退出颜色对反射效果的影响

Max depth【最大深度】数值设置越高，随着反射次数的增多，最后 Exit Color【退出颜色】存在的空间就会越来越小，表现出来的效果也越来越弱，如图 4-15 所示。

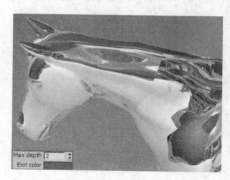 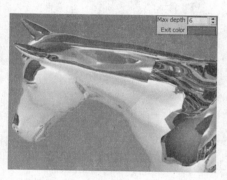

图 4-15 最大深度对【退出颜色】的影响

Hlight Glossiness【高光光泽】/Refl. Glossiness【反射光泽】：高光光泽与反射光泽在物理学上是有紧密联系的。在 VRayMtl【VRay 基本材质】的默认参数设置中 Hlight Glossiness【高光光泽】是被冻结的，因为高光并不是所有物体都存在的材质特点，它只存在表现非常光滑的物体表面，单击激活该参数后，其后的参数值便可以控制高光范围的大小与明亮程度，值越小，高光越大越暗淡，值越大，高光越小越明亮，如图 4-16 所示。

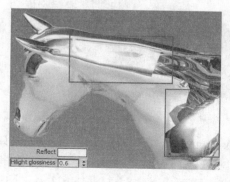 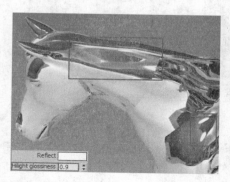

图 4-16 Hlight Glossiness【高光光泽】对高光的影响

前面曾提到高光只存在表现非常光滑的物体表面，而 Refl Glossiness【反射光泽】参数控制着物体表面光滑度，该参数设置为 1 时，物体表面最为光滑，随着该参数的减小，表面越来越粗糙，如图 4-17 所示。

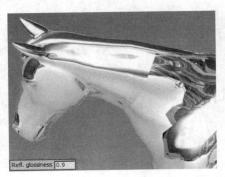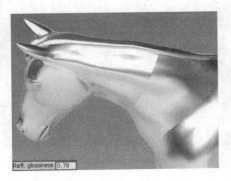

图 4-17　Refl Glossiness【反射光泽】参数对物体表面光滑度与高光的影响

Subdivs【细分】：该参数控制反射的细分值，提高该参数值能有效的降低反射时图像出现的噪点，但也会相应的加长渲染的时间。

Use interpolation【使用插值】：单击该参数后会激活如图 4-18 所示的卷展栏，它可以对反射效果进行更细微的调节，在室内效果图的制作中，该参数保持默认即可。

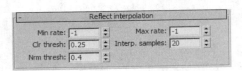

图 4-18　反射插补参数

2．Refraction【折射】参数组

折射效果与反射效果是光线传播的两大定律，观察如图 4-19 所示的 Refraction【折射】参数设置可以发现其与 Reflection【反射】参数设置十分相似，在了解了反射参数的基础上，对折射参数来进行讲解。

Refact【折射】：该参数后的颜色通道控制物体的透明度。白色时则完全透明，黑色时完全不透明，如图 4-20 所示。

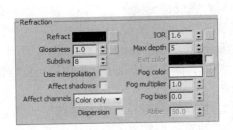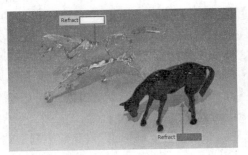

图 4-19　Refraction【折射】参数　　　　图 4-20　Refact【折射】颜色对透明度的控制

不同的折射率对物体的透明效果也有不一样的影响，如图 4-21 所示。

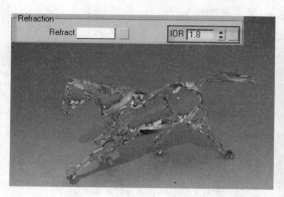 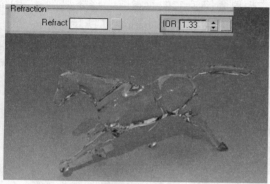

图 4-21　折射率对透明效果的控制

不同的材质对光线的折射能力是不同的，即光线以同样的角度射入不同的物体，最后穿透物体时的角度都会不同，而折射率即入射角与折射角的比率，常见的物体折射率如图 4-22 所示。

常用晶体及光学玻璃折射率表		
物质名称	分子式或符号	折射率
熔凝石英	SiO₂	1.45843
氯化钠	NaC1	1.54427
氯化钾	KC1	1.49044
萤石	CaF₂	1.43381
冕牌玻璃	K5	1.51110
	K8	1.51590
	K9	1.51630
重冕玻璃	ZK5	1.61263
	ZK8	1.61400
钡冕玻璃	BaK2	1.53988
火石玻璃	F1	1.60328
钡火石玻璃	BaF8	1.62590
重火石玻璃	ZF1	1.64752
	ZF5	1.73977
	ZF6	1.75496

液体折射率表				
物质名称	分子式	密度	温度℃	折射率
丙醇	CH₃COCH₃	0.791	20	1.3593
甲	CH₃OH	0.794	20	1.3290
乙	C₂H₅OH	0.800	20	1.3618
苯	C₆H₆	1.880	20	1.5012
二硫化碳	CS₂	1.263	20	1.6276
四氯化碳	CCl₄	1.591	20	1.4607
三氯甲烷	CHCl₃	1.489	20	1.4467
乙醚	C₂H₅.O.C₂H₅	0.715	20	1.3538
甘油	C₃H₈O₃	1.260	20	1.4730
松节油		0.87	20.7	1.4721
橄榄油		0.92	0	1.4763
水	H₂0	1.00	20	1.3330

图 4-22　常见折射率

Refraction【折射】参数组内与 Reflection【反射】参数组内同名的 Max depth【最大深度】与 Exit Color【退出颜色】的调整方法是一样的，只是针对的效果产生在了折射上，Max depth【最大深度】设置的越高，透明物体的折射完成得越充分，物体的体积感越强，反之体积感就越弱。

Fogcolor【雾效颜色】参数可以制作出彩色透明效果，如图 4-23 所示。

Fog multiplier【雾效倍增】数值可以控制色彩浓度，该参数值越小，雾效颜色就越淡，反之则越深，如图 4-24 所示。

Fog bias【雾效偏移】：该参数控制雾效的偏移程度，保持默认参数设置即可。

Glossiness【光泽度】：该参数控制折射表面的粗糙度，值越高，得到的透明度越高，反之则越模糊，如图 4-25 所示。

 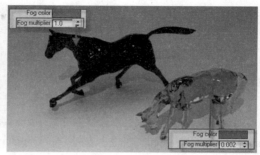

图 4-23　FogColor【雾效颜色】对折射颜色的控制　　图 4-24　Fog multiplier【雾效倍增】对颜色浓度的控制

Subdivs【细分】：该参数控制折射效果的细致度，出于渲染效率的考虑，不宜设置过高。

Use interpolation【使用插值】：单击该参数后会激活如图 4-26 所示的卷展栏，它可以对折射效果进行更细微的调节，同样在室内效果图的制作中，该参数保持默认即可。

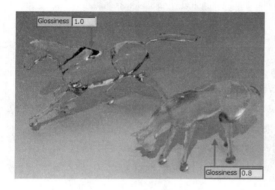

图 4-25　光泽度对折射模糊效果的控制　　　　　　　图 4-26　折射插补参数

Affect shadow【影响阴影】：光线在穿透物体后会产生方向上的改变，因此其产生的阴影也会有透明感，而不会像实心物体那样浓重，如图 4-27 所示，勾选该项参数后会使阴影效果更为真实。

图 4-27　Affect shadow【影响阴影】参数对阴影效果控制

Affect shadow【影响 Alpha 】：勾选该项参数后，折射会影响图像 Alpha 通道的效果，因此这项参数需要根据对具体的 Alpha 通道要求而定，但其对渲染时间的影响并不大，保持勾选亦可。

3. Translucency【半透明】参数组

Translucency【半透明】参数组内参数设置如图 4-28 所示。

Translucency【半透明】参数组常用来实现 "3S" 材质效果，"3S" 是 Second Surface scattering 的缩写，即次表面散射效果，这里所说的半透明准确的说法应该是透光而不透明，这种效果常存在玉石等材质。

- Type【类型】：VRay 渲染器提供了如图 4-29 所示的 4 种半透明类型：None(无)、Hard（wax）model【硬类型】、Soft（Water）model【软类型】和 Hybrid model【混合模式】。

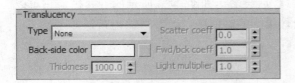

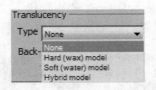

图 4-28　Translucency【半透明】参数组内参数　　　　图 4-29　4 种半透明类型

- Back-side color【背面颜色】：该参数用于设置背面颜色。
- Thickness【厚度】：该参数用于控制物体表面透光层的厚度，当光线进入物体表面的深度达到这个数值时，VRay 渲染器就会停止这些光线的追踪。
- Scatter coeff【散射系数】：该参数用来控制物体内部散射光线的方向，参数值设为 0 时，光线向所有方向进行散射；当值设为了 1 时，光线则只在与入射时的方向上进行散射。
- Fwd/bck coeff【前/后系数】：该参数用于控制物体内部散射光线是否与原来的入射方向进行一致的深入传播或进行反方向的反射；当参数值为 0 时，所有的光线沿反方向反射，当参数设为 1 时，所有的光线向前传播。
- Light multiplier【灯光倍增】：用于控制物体内部光线的照明强度。

4. BRDF 卷展栏

BRDF 卷展栏参数设置如图 4-30 所示。

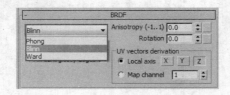

图 4-30　BRDF 卷展栏参数

该卷展栏用于控制材质表面的光谱和空间反射特性，即对着色模式进行修改，VRay 提供了三种着色模式供选择，如图 4-31 所示。

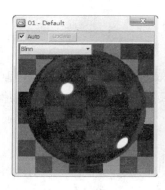

图 4-31　着色模式对材质球的影响

　　Blinn 和 Phong 两种模式适合用来表现塑料、玻璃一类的材质，而 Ward 模式则适合用来表现金属材质，但在实际的工作运用中，并不需要如此细致的着色模式细分，大多数情况下保持默认的 Blinn 模式即可。

　　Anisotropy【各向异性】：各向异性指的是物体表面对光谱吸收和反射的性质因方向的改变而发生所有变化的特性，大多数情况下，该参数保持默认值 0，因为这样能得到一个光谱吸收与反射特性非常统一的材质效果，随着该参数倾向 1 或者-1，各向异性就越明显，如图 4-32 所示。

图 4-32　Anisotropy【各向异性】的影响

　　Rotation【旋转】：该参数用于控制各向异性变化的角度，如图 4-33 所示。

图 4-33　旋转的影响

　　UV vectors derivation【UV 矢量源】参数用于控制各向异性的 UV 方向矢量源，通过单击下面的 X、Y、Z 三个按钮限制其根据哪个坐标轴进行变化，而 Map channel【贴图通道】则用来控制材质的贴图编号，以对应的进行其贴图坐标的设置同，这两项参数保持默认设置即可。

5. Options【选项】卷展栏

Options【选项】卷展栏参数设置如图 4-34 所示。

Options【选项】卷展栏主要对该材质的反射与折射、双面效果进行全局性的控制，这其中绝大多数参数保持默认设置即可，唯一有变化的参数只有 Trace reflection【反射追踪】，它的作用主要就是取消材质的反射效果。

6. Maps【贴图】卷展栏

VRayMtl【VRay 材质】的 Maps【贴图】参数设置如图 4-35 所示，在前面的内容中已经讲解过一些常用的贴图参数，如 Diffuse【漫反射】贴图通道、Reflect【反射】贴图通道等，这里就不再赘述，接下来主要学习 Bump【凹凸】贴图、Displace【置换】贴图、Opacity【透明】贴图、Environment【环境】贴图。

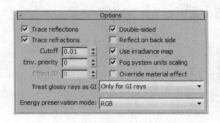

图 4-34　Options【选项】卷展栏参数

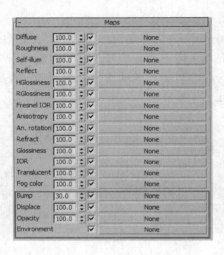

图 4-35　Maps【贴图】参数

❑ **Bump【凹凸】贴图**

Bump【凹凸】贴图用来模拟物体表面的凹凸效果，使用方法十分简单，单击其后的 None 按钮，选择一张位图即可，如图 4-36 所示。

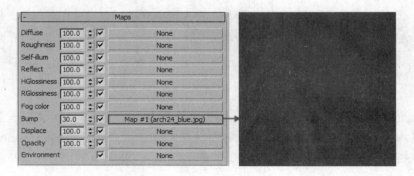

图 4-36　凹凸贴图的使用

如图 4-37 所示是未使用 Bump【凹凸】贴图与使用了 Bump【凹凸】贴图的枕头模型的对比渲染效果，可以发现在使用 Bump【凹凸】贴图后，枕头表面有了十分真实的褶皱细节。

❏ Displace【置换】贴图

Displace【置换】贴图的使用方法与 Bump【凹凸】贴图完全一样，都是通过贴图通道进行使用，我们可以观察一下如图 4-38 所示两者的对比效果。

图 4-37 凹凸贴图对材质表面效果的影响   图 4-38 凹凸贴图效果与置换贴图效果

可以发现 Displace【置换】贴图取得的效果比 Bump【凹凸】贴图还要真实一些，这是因为 Bump【凹凸】贴图效果只是简单的利用明暗对比模拟出物体表面的凹凸效果，灯光的强弱与位置与会对表现的效果产生影响，而 Displace【置换】贴图则通过对物体表面产生高低的位移差值真实表现凹凸效果，因此就显得更真实些。

❏ Opacity【透明】贴图

使用 Opacity【透明】贴图可以快速完成一些复杂的模型效果，如图 4-39 所示。

图 4-39 利用透明贴图制作复杂镂空效果

在完成透明效果的贴图中，黑色区域在渲染时表现为透明，白色则表现为实心，与凹凸贴图与置换贴图不同，透明贴图必须是纯粹的黑白贴图，如果使用彩色或者灰色的贴图，那么就不会产生完全镂空的效果，取而代之的是某种程度的半透明效果。

❏ Environment【环境】贴图

Environment【环境】贴图控制场景的环境效果，一般用来控制物体的反射与折射环境，并只针对个体产生影响，如图 4-40 所示。

VRay Mtl【VRay 材质】是 VRay 渲染器最基本的材质，同时也是应用最为广泛的材质，通过对其各个贴图通道的灵活控制，常见的墙体、地面、木纹等材质都能被真实的表现出来，因此熟练掌握 VRay Mtl【VRay 材质】各参数即可以提高个人在材质表现上的能力，对其他材质的使用也会有所领悟。

4.1.2 VRayLightMtl【VRay 灯光材质】

VRayLightMtl【VRay 灯光材质】是用来表现发光效果的材质，其参数设置如图 4-41 所示。

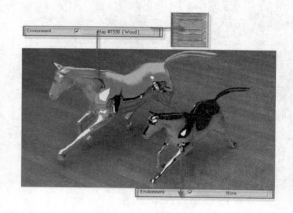

图 4-40 Environment【环境】贴图对反射效果的影响

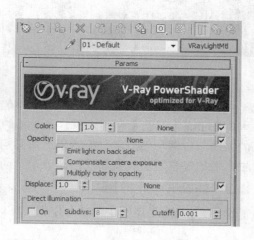

图 4-41 VRayLightMtl【VRay 灯光材质】参数设置

Color【颜色】：该参数用来控制发光的颜色，通过其后的数值调整可以控制发光的强度，如图 4-42 所示。

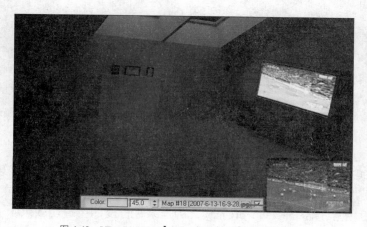

图 4-42 VRayLightMtl【VRay 灯光材质】制作电视画面

4.1.3 VRayMtlWrapper【VRay 包裹材质】

VRayMtlWrapper【VRay 包裹材质】的参数设置如图 4-43 所示。

VRayMtlWrapper【VRay 包裹材质】主要控制材质对 GI【全局光照】的接受与产生能力，在室内效果图的制作中常来用钳制材质的溢色能力以及调整材质的亮度。

Base material【基本材质】：在效果图的制作中此处的基本材质通常会是大面积材质，由于面积很大，对整个画面的色彩与光效会产生较大的影响，所以在制作好基本材质后，可以通过 VRayMtlWrapper【VRay 包裹材质】进行细节上的调整。

Generate GI【产生全局光照】参数通常用来控制基本材质的溢色能力，随着该参数数值的减小，材质表面色彩对周围物体尤其是浅色的物体的影响就越小，如图 4-44 所示可以发现降低红色墙体的 Generate GI【产生全局光照】参数值，有效地钳制了其对白色天花板的色彩溢出现象。

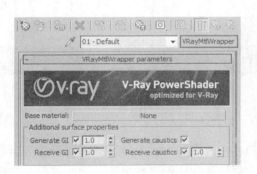

图 4-43　VRayMtlWrapper【VRay 包裹材质】参数设置　　图 4-44　通过 Generate GI【产生全局光照】参数调整溢色

Receive GI【接收全局光照】参数通常用来改变基本材质的亮度，利用其可以降低场景中物体的亮度，也可以利用这个参数特点进行发光效果的制作，如图 4-45 所示。

图 4-45　Receive GI【接收全局光照】参数调整材质亮度

4.1.4 VRayoverridMtl【VRay 代理材质】

VRayoverridMtl【VRay 代理材质】的参数设置如图 4-46 所示。

GI【全局光】可以独立控制基础材质的全局光照特征并钳制色溢现象，如图 4-47 所示。

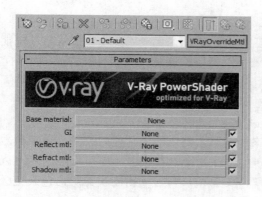

图 4-46　VRayoverridMtl【VRay 代理材质】参数

图 4-47　钳制色溢

通过 Reflect mtl【反射材质】与 Reflect mtl【反射材质】则可以产生如图 4-48 所示的反射效果。

4.2　常用贴图类型

4.2.1　3ds max 贴图类型

本书的教学目的虽在于 VRay 渲染器的使用，但在利用 VRay 渲染器进行材质的过程中，不可避免的会使用到 3ds max 贴图类型以达到材质效果的真实表达，因此笔者在这里会根据室内效果图的制作过程中常用的一些 3ds max 贴图类型进行针对性的讲述。

1.　Noise【噪波】贴图

Noise【噪波】贴图在室内效果图的制作中通常用来表现水面的波纹效果，通过噪波参数的设置即可以完成波纹效果的制作，参数设置如图 4-49 所示。

图 4-48　反射效果

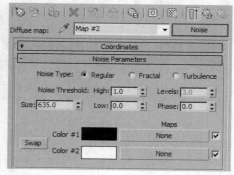

图 4-49　噪波参数

Color1【颜色 1】与 Color2【颜色 2】默认设置为黑白两色，所以通常只需要调整 Size【尺寸】的值就可以制作出满意的水波效果，如图 4-50 所示。

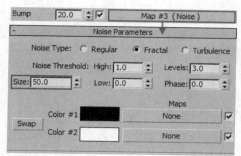

图 4-50　Noise【噪波】贴图制作水波效果

2. Falloff【衰减】贴图

Falloff【衰减】贴图的衰减参数设置如图 4-51 所示。

- Front : Side【前面 : 侧面】：两个颜色色块分别控制衰减的强弱。
- Falloff Type【衰减类型】：系统提供了多种类型，但在实际制作中一般只会用到 Perpendicular/Parallel【垂直/平行】与 Frenel【菲涅尔】两种类型。

3. Mix【混合】贴图

Mix【混合】贴图常用来制作两种贴图的混合效果，其混合参数设置如图 4-52 所示。

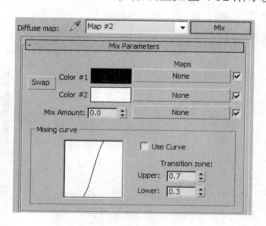

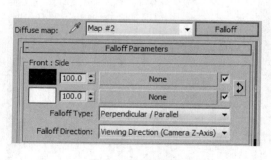

图 4-51　衰减参数设置

图 4-52　混合贴图参数

首先在 Color1【颜色 1】与 Color2【颜色 2】的贴图通道载入两张要进行混合表现的贴图，然后再在载入一张黑白位图控制之前两张贴图的混合方式与区域，默认设置下 Mix Amount【混合数量】的贴图通道中位图黑色区域将表现 Color1【颜色 1】中的贴图效果，白色区域则表现 Color2【颜色 2】中的贴图效果，如图 4-53 所示。

4.2.2 VRay 贴图类型

1. VRayEdgesTex【VRay 边纹理】

在材质的 Diffuse【漫反射】贴图通道中使用 VRayEdgesTex【VRay 边纹理】可以表现出如图 4-54 所示物体边界线效果。

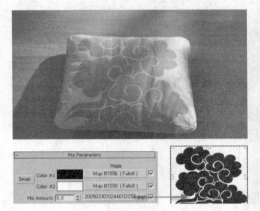

图 4-53　混合贴图制作花纹枕头效果　　　　　　　　图 4-54　物体边界线渲染效果

VRayEdgesTex【VRay 边界贴图】贴图的具体参数如图 4-55 所示。

Color【颜色】：调整其色块的颜色可以改变渲染图像中边界线的颜色。

Hidden edges【隐藏边界线】可以显示\隐藏边界线。

Thickness【粗细】参数组控制渲染出的边界线粗细，一般使用默认选择的 Pixels【像素】为单位进行边界线粗细的，笔者在第 10 章利用 VRayEdgesTex【VRay 边界贴图】贴图制作的白色线状透明墙体与门窗的效果如图 4-56 所示。

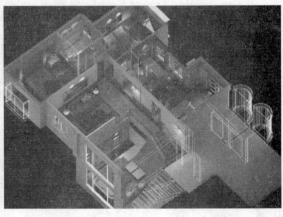

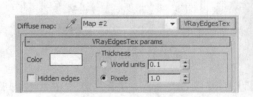

图 4-55　VRayEdgesTex【VRay 边界贴图】参数设置　　　图 4-56　VRayEdgesTex【VRay 边界贴图】制作线状透明效果

2. VRayHDRI【VRay 高动态范围图像】

VRayHDRI【VRay 高动态范围图像】在室内效果图的制作中通常用来模拟反射/折射环境以刻画出逼真的反射与折射细节，如图 4-57 所示。

图 4-57　HDRI 贴图对反射效果的影响

下面通过在 Environment【环境】卷展栏中 Reflection/refraction environment override【反射/折射环境】中的使用，为大家详细讲解它的参数与使用方法，如图 4-58 所示。

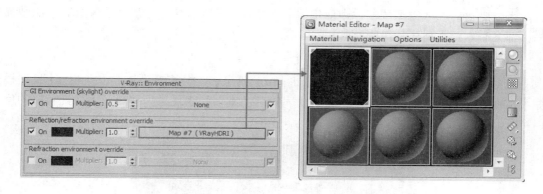

图 4-58　添加 HDRI 贴图

HDRI 贴图的具体参数设置如图 4-59 所示，由于没有载入具体的 HDR 格式的贴图，与其关联的材质球一片漆黑，所以 HDRI 贴图并不能产生作用，单击 HDR map【HDRI 贴图】后的 Browse【浏览】按钮中载入一张 HDI 格式的贴图即可。

HDRI 贴图参数众多，但在室内效果图的制作范畴内只要记住常用的两项即可：一项是 Multiplier【强度】，它可以调节 HDIR 贴图的亮度；另一项是 Map type【贴图类型】，在制作中通常选择 Spherical environment 【球形环境】即可，这样 HDRI 贴图就能产生类似于球形天空一样的环境，最接近真实的环境效果，如图 4-60 所示。

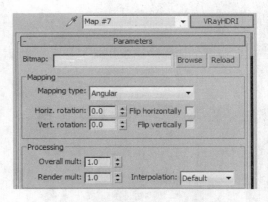

图 4-59　VRayHDRI【VRay 高动态范围图像】　　　　图 4-60　球形环境贴图效果

4.3　常用材质

虽然生活中我们所看到的材质种类数不胜数，但对于室内效果图的制作而言，所需要表现的材质种类却有一定的范围，因此笔者接下来将对一些常用的材质进行分门别类地归纳，对各类材质的特点与材质的调节重点进行总结。

4.3.1　木材类

木材类材质在效果图的制作中应用得非常多，从地面到墙面，从大的家具到小的装饰物，都会有木材类材质的身影。

❑　光面清漆木材

光面清漆木材表面反射较为清晰，如图 4-61 所示，其相关参数 Ref glossiness【反射模糊】常设置一个较高的数值，同时对材质表面凹凸细节的表现进行弱化，以保证较好的反射特征。

图 4-61　光面清漆木材效果

如图 4-62 所示为光面清漆木材材质的调整方法与调整关键参数。

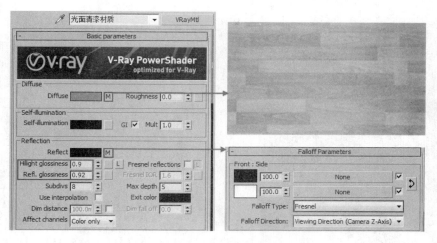

图 4-62　光面清漆木纹参数

□　亚光清漆木材

亚光清漆木材表面的反射就要显得弱一些，如图 4-63 所示，相对于光面清漆材质的参数，亚光清漆材质参数只在 Ref glossiness【反射模糊】的数值有较大的变化，一般控制在 0.8～0.88 之间较为合适，材质表面凹凸细节同样不宜有过于突出的表现。

□　无漆实木材质

无漆实木材质由于没有了漆面，表面的反射效果就会变得十分弱，如图 4-64 所示，

图 4-63　亚光清漆木材效果

图 4-64　无漆实木材质效果

此时材质的亮点在于木材自身纹理的表现，同时材质表面的凹凸细节效果可以利用 Bump【凹凸】贴图进行适当的加强，如图 4-65 所示。

图 4-65　提高 Bump 数值强化凹凸效果

4

VRay 材质详解

117

❑ 镂空藤类材质

常用藤类材质的渲染效果如图 4-66 所示，材质的亮点与难点在于其镂空效果的表现，通常在 Opacity【透明】贴图中添加一张黑白位图进行处理，如图 4-67 所示。

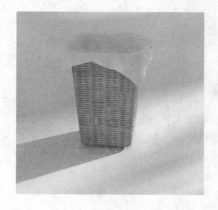

图 4-66　镂空藤条效果

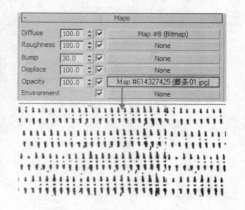

图 4-67　利用 Opacity【透明】贴图通道

4.3.2　石料类

石料类材质在室内效果图的表现中应用也十分广泛，接下来就介绍几种特征十分明显的石料材质。

❑ 大理石材质

大理石广泛应用于室内装饰地面的装饰，效果如图 4-68 所示，能营造一种高贵典雅的氛围，表面特有的纹路可以通过在 Diffuse【漫反射】贴图通道载入对应的纹理实现，此外大理石的反射特征也很明显，因此 Ref glossiness【反射模糊】数值的设置也较高。

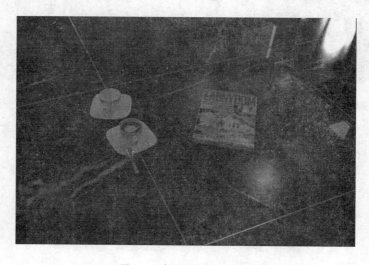

图 4-68　大理石材质渲染效果

其具体参数如图 4-69 所示，在地砖材质的处理上拼缝是一个较重要的细节，这里可以利用在 Diffuse【漫反射】贴图通道内加载一个 Tiles【拼贴】贴图解决。

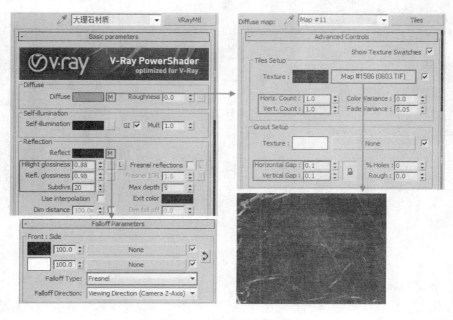

图 4-69　大理石材质具体参数

❑　仿古砖材质

仿古砖材质常用于装饰中式风格装修的地面，效果如图 4-70 所示，给人一种古朴素雅的感觉，由于仿古砖表面都会有一定的粗糙感，因此对于 Ref glossiness【反射模糊】的数值设置就相对要低一些，而对于凹凸效果的表现则可以适当进行加强。

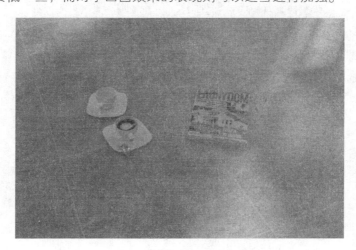

图 4-70　仿古砖材质渲染效果

图 4-70 中的仿古砖具体材质参数设置如图 4-71 所示，与大理石材质比较而言，注意漫反射贴图的变化与凹凸贴图的使用，此外其反射光泽度参数值也有明显变化。

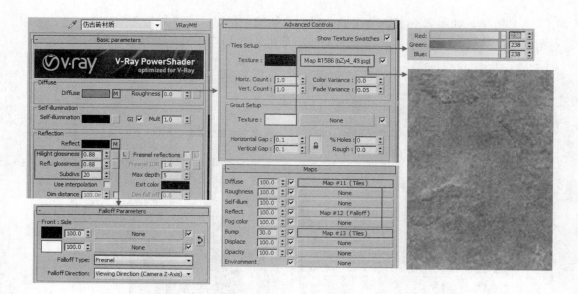

图 4-71　仿古地砖材质参数

❑　水泥地面材质

水泥地面材质在中式风格的表现中也常见，近些年来也用于较开放的办公室地面，容易给空间带来质朴开放的气息，效果如图 4-72 所示，水泥地面表现的重点在于表面的纹理细节，此外对于高光光泽区域的控制也要显得自然，水泥地面材质的具体参数以及调整方法可以查看"简约客厅"中材质讲解中的相关内容。

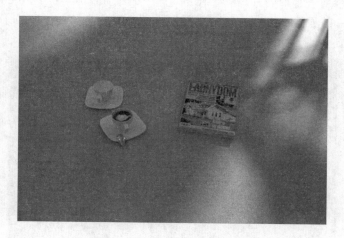

图 4-72　水泥地面材质渲染效果

4.3.3　玻璃类

玻璃类材质由于其表面丰富的反射与折射效果通常能给画面带来惊艳的感觉，此外在效果图的制作中还会制作出一些特殊效果的艺术玻璃材质。

1. 普通玻璃

普通玻璃重点刻画出表面的反射与折射效果，按反射与折射的清晰度可划分为以下两种：

❑ 清玻璃

清玻璃效果如图 4-73 所示，其透明度很高，在参数的调整下通常会将其 Refract【折射】的颜色通道调整为纯白，接近完全透明的效果，利用 Diffuse【漫反射】颜色通道进行表面色彩的控制就会失效，如果要对清玻璃的色彩进行调整，就需要通过调整 Fog Color【雾效颜色】进行调整。

图 4-73 清玻璃效果

清玻璃具体材质参数如图 4-74 所示，可以发现玻璃材质着重调整的是 Refraction【折射】组参数，用于模拟玻璃的透明特征。

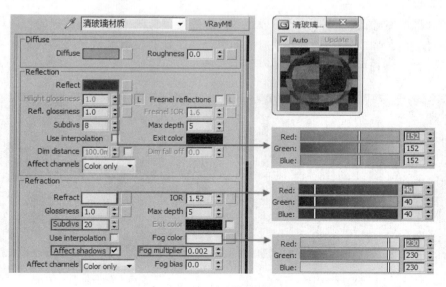

图 4-74 清玻璃材质参数

❑　磨砂玻璃

磨砂玻璃效果如图 4-75 所示，玻璃的透明效果比较差，其主要区别于 Refraction【折射】参数组下的 Glossiness【折射光泽】的设定，清玻璃保持默认数值 1 即可，而磨砂玻璃就根据透明度的高低进行设定。

图 4-75 中的磨砂玻璃在材质参数设置较清玻璃材质的调节而言，笔者只改动了一个关键性参数——Glossiness【折射光泽】，如图 4-76 所示。

图 4-75　磨砂玻璃效果

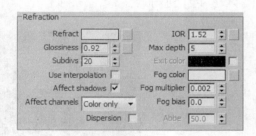

图 4-76　磨砂玻璃材质变化参数

2. 艺术玻璃

常见的艺术玻璃有图案玻璃与彩色玻璃两种：

❑　图案玻璃

图案玻璃的效果如图 4-77 所示，在材质的设置上并没有什么特别之处可言，但在材质的赋予上就有所区别，图案玻璃材质不能进行统一的赋予，否则在渲染时会出现图案的重叠，而且会耗费大量的计算时间，通常会对玻璃模型划分不同的 ID 面。

❑　彩色玻璃

彩色玻璃的制作同样也需要进行模型 ID 面的划分，同样面对摄像机的一面将会赋予彩色玻璃材质，其他面则赋予清玻璃材质即可，为了让彩色玻璃效果略为突显，可以适当降低其透明度，彩色玻璃效果如图 4-78 所示。

图 4-77　图案玻璃效果

图 4-78　彩色玻璃效果

4.3.4 金属类

　　金属类材质在效果图的表现中也是一个材质亮点，不锈钢材质是表现最多的金属材质，根据表面反射的特点常分为镜面不锈钢材质与模糊不锈钢，如图 4-79 所示，不锈钢材质的调整与玻璃材质的调整十分类似，最大的区别在于不锈钢不具有任何透明属性，通过 Reflection【反射】参数组内的 refl gloosiness【反射光泽度】可以调整出不同反射模糊程度的金属效果。

图 4-79　不锈钢效果

不锈钢材质的具体参数如图 4-80 所示。

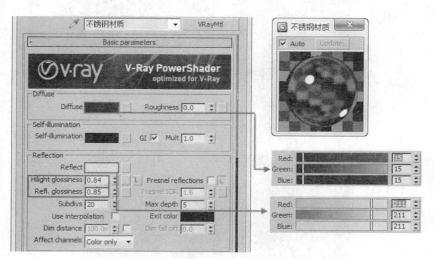

图 4-80　不锈钢材质参数

4.3.5 布料类

　　室内常见的布料有绒布、丝绸、窗纱及地毯毛发。

❑　绒布材质

绒布材质效果如图 4-81 所示，其表面的绒毛效果是其表现的亮点，常使用 Falloff【衰减】贴图进行模拟。

图 4-81　绒布材质

绒布材质的具体参数设置如图 4-82 所示，从中主要理解 Falloff【衰减】在 Diffuse【漫反射】贴图通道的应用。

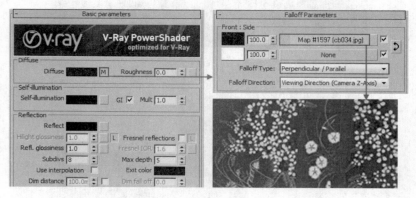

图 4-82　绒布材质参数设置

❑　丝绸材质

在视觉上丝绸材质表面给人柔亮顺滑的感觉，如 4-83 所示。

图 4-83　丝绸材质

　　丝绸表面并不如想像中的光滑平整，因为丝绸是由一根根丝线通过织机编织而成，表面肯定有细微的凹凸感，但丝线本身却光滑细腻，因此在视觉上会有光滑的错觉现象，所以在制作丝绸材质时并不需要利用 Bump【凹凸】贴图，否则就会破坏丝绸表面的光亮感，通过 BDRF 卷展栏内的各向异性的调整可以制作出十分光亮的丝绸效果，具体参数设置如图 4-84 所示。

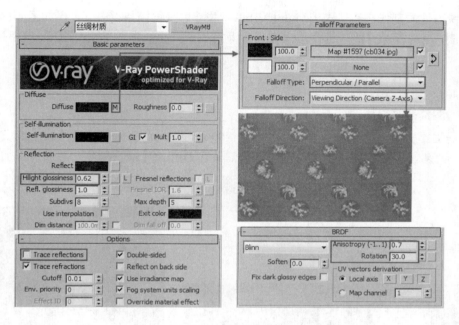

图 4-84　丝绸材质参数

❑　纱材质

　　纱材质通常不只有简单的透明效果，在表面还会有实体花纹的点缀，如图 4-85 所示，这种效果通常会在 Opacity【透明】贴图通道中使用到 Mix【混合】贴图来完成。

图 4-85　纱材质

纱材质具体调整方法大家可以参考第 5 章 "时尚卧室" 中材质调节的相关内容。

❑　地毯毛发材质

地毯表面的凹凸效果可用通过 Bump【凹凸】贴图以及 Displace【置换】贴图通道来完成，如果要表现细节更丰富的凹凸效果，则可以由 VRay 渲染器的 Displacement 命令来完成。

地毯毛绒的制作在有了 VRayFur【VRay 毛发】后变得简单得多，效果如图 4-86 所示，VRayFur【VRay 毛发】的详细使用大家可参考第 5 章 "时尚卧室" 中材质调节的相关内容。

4.3.6　瓷器玉石类

❑　陶瓷瓷器材质

陶瓷瓷器材质表面光滑圆润，效果如图 4-87 所示，因此高光与反射效果就成了重点打造的细节，对于有独特纹理的瓷器表现，只需要在 Diffuse【漫反射】贴图通道添加对应的纹理即可。

图 4-86　VRayFur【VRay 毛发】效果　　　　　　　图 4-87　陶瓷材质

陶瓷材质的具体参数设置大家可以查看第 6 章 "卫生间" 中材质调节的相关内容。

❑　玉石材质

玉石材质表面圆润剔透，VRay 渲染器中有一种专用于表现玉石材质效果的 3S 材质，但在室内效果图的制作中，常利用 VRayMtl【VRay 材质】参考瓷器材质的特点结合遮罩贴图对其进行反射光泽与高光的刻画，再调整出玉石表面常带的颜色与若有若无的透光感，材质渲染效果如图 4-88 所示。图中的玉石材质效果实际上是由内玉与外玉两种材质构成，如图 4-89 所示。

图 4-88　玉石材质效果　　　　　　　　　　　图 4-89　玉石材质构成

其中内玉是透明性较差材质，其具体参数如图 4-90 所示。

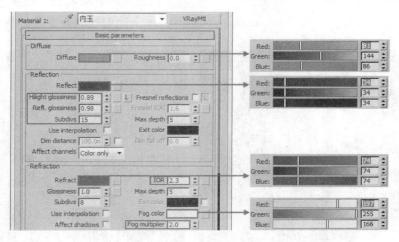

图 4-90　内玉材质参数

而外玉的透明性就比较强了，其具体材质参数如图 4-91 所示。

在 Mask【遮罩】贴图通道中利用 Falloff【衰减贴图】将两种透明度截然不同的材质进行混合，使其产生若有若无的透明感。

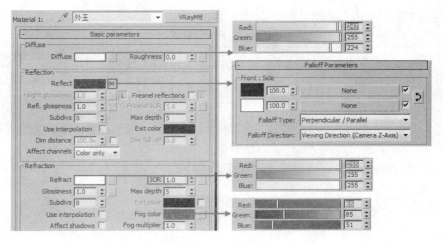

图 4-91　外玉材质参数

4.3.7 皮革塑料类

❏　皮革材质

皮革材质表面有独特的皮纹纹理，此外皮革材质虽然给人光鲜的感觉，但由于表面十分粗糙，很难有反射细节，如图 4-92 所示，因此 refl gloosiness【反射光泽度】的设置是非常低的，对于皮革材质进行特写表现时，可以通过 Bump【凹凸】通道模拟出细致的凹凸效果。

❏　塑料材质

塑料材质的效果如图 4-93 所示，特点在于表面高光区域分布与反射效果，因此 Hlight Glossiness【高光泽度】与 Refl glossiness【反射光泽度】的调整就要多费一些心思。

图 4-92　皮革材质渲染

图 4-93　塑料材质渲染

圣诞老人橙色外套的塑料材质具体参数设置如图 4-94 所示。

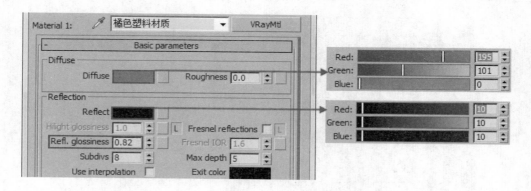
图 4-94　红色塑料材质参数

4.3.8 液体类

室内效果图中常进行表现的液体类材质有水材质与饮料（酒水）材质两种。

❑ 水材质

水材质的效果如图 4-95 所示，在参数的调整上其与玻璃材质十分接近，水材质通常还会在 Bump【凹凸】贴图通道内添加 Noise【噪波】贴图表现水波效果。

图 4-95　水材质效果

水材质的具体参数设置如图 4-96 所示，可以看到水材质的制作主要是对折射参数的调整，着重表现水透明的质感与其丰富的折射与反射现象。

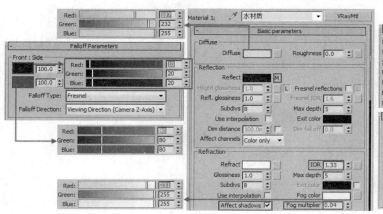
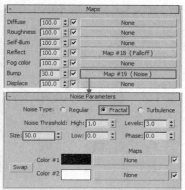

图 4-96　水材质参数

❑ 饮料（酒水）材质

饮料（酒水）材质与水材质特点在于其颜色的调整，如图 4-97 所示，在这里要提到的一点是具有反射与折射效果的材质，如玻璃、镜面不锈钢以及液体类材质要表现出逼真的效果就必须为其提供一个良好的反射与折射环境以加强反射与折射细节效果。

图 4-97　饮料酒水材质效果

图 4-97 中浅红色饮料具体材质参数如图 4-98 所示。

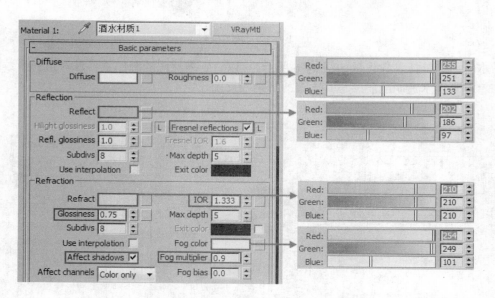

图 4-98　酒水材质参数

在室内效果图的制作中所涉及到的常用材质就讲解到这里，下面章节将根据实际情况
通过大型实例来调节不同种类的材质。

第 5 章
时尚卧室

本章重点：

- 模型制作的基本操作
- 效果图的基本流程
- 画面构图的选择与灯光布置的思路
- 布料材质、纱材质的制作
- VRay 毛发的应用
- VRay 包裹材质与 VRay 代理材质的使用
- 如何使用 VRaysun 与 VRaysky 制作上午阳光的氛围
- 常用的后期处理方法

5.1 卧室框架模型的制作

通过本章将与大家一起对前面学习到的构图知识、VRay 材质以及灯光进行全面的实战应用，从而达到将理论转化成实际能力的教学目的，而为了照顾到效果图制作的初学者对模型制作的知识空白，笔者将在本章中为大家讲解如图 5-1 所示的卧室框架模型创建过程。

5.1.1 模型制作前的参数调整

1. 单位调整

首先打开 3ds max2010，如图 5-2 所示，在制作模型之前，对软件的各项参数进行调整。首先设置系统的单位，单击 Customize【自定义】菜单，选择 Units Setup【单位设置】参数，如图 5-3 所示。

图 5-1　卧室框架模型

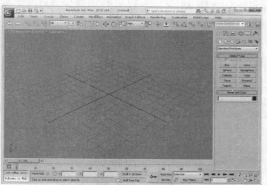

图 5-2　打开 3dsmax2010

在弹出 Units Setup【单位设置】菜单栏中设置显示单位与系统单位均为 Millimeters【毫米】，如图 5-4 所示。

图 5-3　单击 Units Setup【单位设置】参数

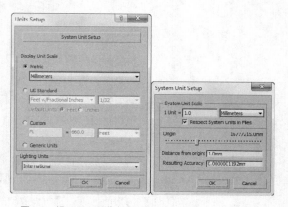

图 5-4　设置显示单位与系统单位为 Millimeters【毫米】

2. 捕捉调整

在模型的制作过程中为了精确地捕捉到网络点、中点、端点等比较特殊的几何点以加快模型的制作，因此将捕捉调整为 2.5 维，捕捉后设置具体的捕捉参数如图 5-5 所示，然后再开启轴向捕捉，如图 5-6 所示。

 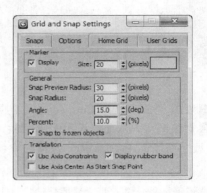

图 5-5 设置捕捉参数　　　　　　　　图 5-6 开启轴向捕捉

调整完以上的参数后，便可以开始进行模型的制作了。

5.1.2 模型制作

1. 制作墙体与天花板

Steps 01 单击创建面板中的 Box【长方体】创建按钮，在 Front【前视图】中创建一个长为 3730，宽为 3034，高为 7437 的长方体，其在 Front【前视图】与 Top【顶视图】的位置与具体参数如图 5-7 所示。

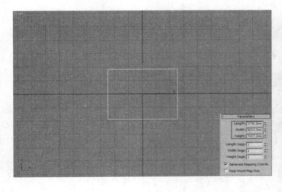 

图 5-7 创建 Box【长方体】

Steps 02 在 Top【顶视图】中选择创建好的长方体，单击鼠标右键，然后将其转换成 Editable poly，如图 5-8 所示。

Steps 03 由于卧室顶面有一斜线的天花板造型，因此在 Top【顶视图】中选择长方体，按2 键切换到 Edge【边】层级，然后再选择顶部的两条边，具体操作如图 5-9 所示。

133

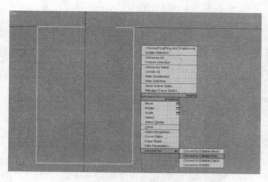

图 5-8　转换成 Editable poly

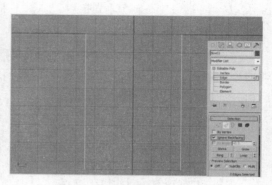

图 5-9　选择顶部的两条边

Steps 04 右键单击，选择 Connect【连接】命令，为其添加一条连接线，如图 5-10 所示。

Steps 05 切换到 Front【前视图】中，按"1"键切换到 Vertex【点】层级，选择左上方的点，右键单击 ✛ 图标，在调出的精确变换参数框中，设置 Y 轴的移到距离为-945，如图 5-11 所示。

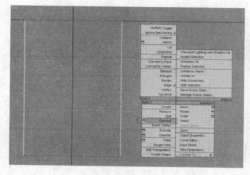

图 5-10　添加连接线

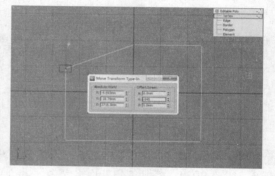

图 5-11　调整卧室框架形态

2. 开窗洞

Steps 01 调整好卧室的框架形态后，进行模型窗洞的制作，按 L 键切换到左视图，选择框架左侧面的左右两条边，创建出如图 5-12 所示连接边。

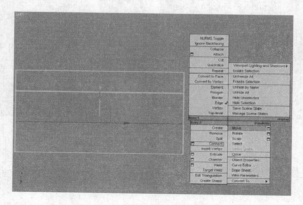

图 5-12　创建左侧面平行连接边

Steps 02 将其移动到最底端，再向 Y 轴正方向精确移动 1000mm，调整出窗台的高度，如图 5-13 所示。

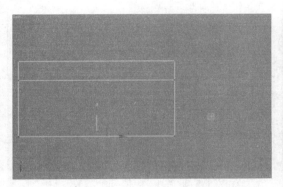 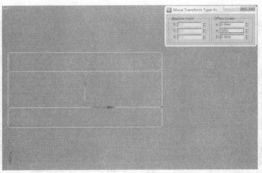

图 5-13　调整好窗台高度

Steps 03 调整好窗台高度后，选择窗台线与最上端的边线，创建出如图 5-14 所示的 4 条边。调整空洞与侧墙的距离为 1560mm，窗洞自身宽度为 900，如图 5-15 所示。

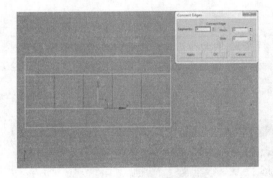 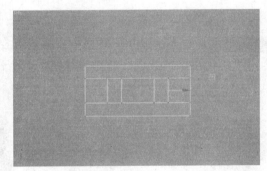

图 5-14　创建连接边　　　　　　　　　　　图 5-15　调整窗户形态

Steps 04 利用类似的方法创建出顶面的窗洞，如图 5-16 所示。

Steps 05 所有的窗洞创建完成后，选择长方体，按 4 键切换到 polygon【多边形】层级，选择顶部窗洞面进行删除，完成顶部窗洞面的制作，如图 5-17 所示。

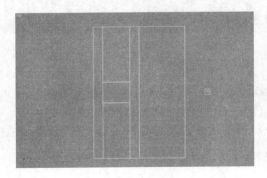 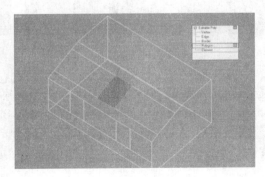

图 5-16　创建顶面窗洞　　　　　　　　　　图 5-17　删除窗洞面

Steps **06** 选择侧面窗洞面，在右键单击的快捷菜单中选择 Extrude【挤出】，设置窗台挤出厚度为 240mm，如图 5-18 所示。

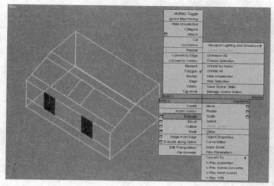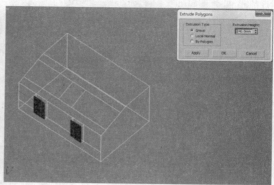

图 5-18 挤出窗台

Steps **07** 挤出窗台面后，删除当前选择的面，完成窗洞的制作，如图 5-19 所示。

3. 完善细节部件

Steps **01** 完成室内细节部件的制作。由于 Box 模型是单面可见的，观察不到室内墙面的效果，所以还需要对其进行法线的翻转，全选长方体所有的面，单击 Flip 命令，如图 5-20 所示。

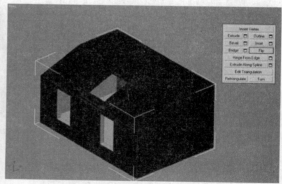

图 5-19 实体模型显示当前模型   图 5-20 翻转长方体法线

Steps **02** 完成法线的翻转后，为了便于观察模型内部，选择模型单击鼠标右键，进入 Object properties【物体属性】卷展栏，勾选 Backfacecull【祛除背面】参数如图 5-21 所示。

Steps **03** 制作室内踢脚线，选择如图 5-22 所示的两条侧边，然后在两条边之间创建一条连接边，如图 5-23 所示。

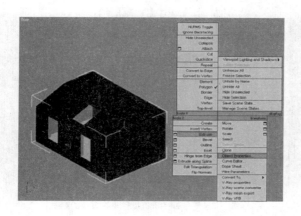

图 5-21 背面消隐

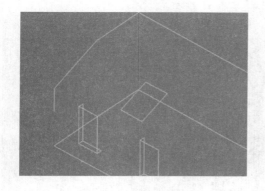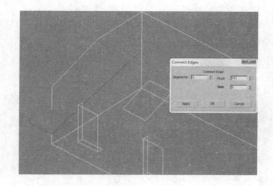

图 5-22 选择侧边   图 5-23 创建边接边

Steps 04 切换到前视图，按 1 键进入 Vertex【点】层级，选择右侧的点，按空格键将其锁定，再按 F6 键开启 Y 轴方向的轴向约束，通过捕捉到左侧的点使连接线平直，如图 5-24 所示。

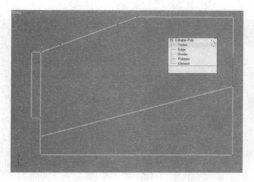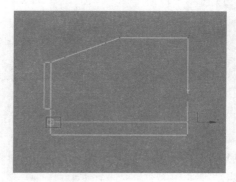

图 5-24 通过捕捉与轴约束平直连接线

Steps 05 按空格键解除选择锁定，选择连接线的两个端点后再次进行锁定，使其移动至与地面重合，如图 5-25 所示，然后在精确移动对话框内，使其沿 Y 轴向上精确移动 100mm 以准确制作出踢脚线的高度，如图 5-26 所示。

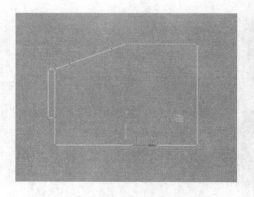

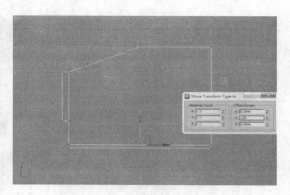

图 5-25　移动连接线至与地面重合　　　　　　图 5-26　准确制作出踢脚线的高度

Steps 06 按空格键解除锁定，然后按 4 键进入 Polygon【多边形】子层级，选择创建好的踢脚线面，执行 Extrude【挤出】命令，如图 5-27 所示。

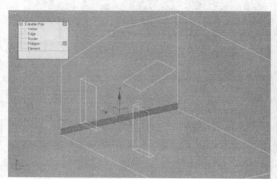

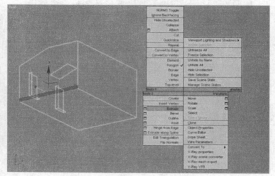

图 5-27　选择踢脚线面并选择挤出命令

Steps 07 输入踢脚线的厚度 15mm，完成踢脚线细节的制作，如图 5-28 所示。
Steps 08 利用类似的方法完成如图 5-29 所示中的其他室内类似部件的制作。

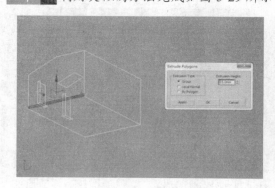

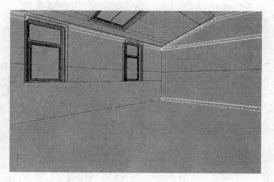

图 5-28　挤出踢脚线的厚度　　　　　　图 5-29　其他类似细节部件

4．合并模型

Steps 01 对于窗户等部件可以通过合成已经完成的成品快速完成，按 T 键进入 Top【顶视图】，然后单击 File【文件】菜单，选择 Merge【合并】命令，找到本书配套光盘第 4 章家具模型中的窗户文件，单击打开即可，如图 5-30 所示。

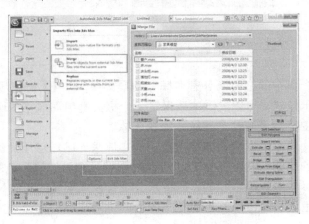

图 5-30　合并命令窗户模型

Steps 02 通过移动工具与捕捉工具放置好窗户的位置，并复制好另一侧的窗户模型，如图 5-31 所示。

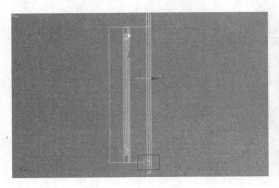 

图 5-31　调整窗户位置并复制出另一个窗户

Steps 03 使用同样的方式完成场景其他模型的合并，最终效果如图 5-32 所示。

图 5-32　房屋框架模型

5.2 解读场景及布光思路

5.2.1 解读场景

打开本书配套光盘中的"时尚卧室白模"场景文件，按 F3 键将场景切换到如图 5-33 所示的"线框"显示模式，可以发现本场景是一个极具地中海风格的卧室场景，空间布局比较紧凑，表现的主体为带有镂空花纹纱缦的床体。

从上面两张图片中可以发现，该场景案例的主体采光区域墙壁上的两扇窗户及天窗，可以得到十分充足的照明，再观察图 5-34 可以发现场景模型的材质色彩十分明艳，结合以上两点对场景进行日景表现是最佳的，在布光上没有太大难度的同时又能突出图像的色彩主题，通过明艳的色调反映出空间主人积极向上的生活心态，也给纷扰的生活添加一份阳光般的清澈。

图 5-33　时尚卧室白模文件

图 5-34　最终效果

由于场景的材质色调十分亮丽，容易出现诸如墙体上彩色的布带对天花板上的白色乳胶漆产生色彩上的影响的溢色的现象，从而削弱图像的层次感，因此室外天光的颜色上就要偏向于冷色调以达到对场景的色彩进行调和的目的，同时与室内明艳丰富色彩形成少与多的对比，进一步刻画出场景的层次感。

5.2.2 布光思路

场景中有三扇面积较大的窗户，笔者将在室外利用 VRaysun【VRay 阳光】与 VRaySky【VRay 天光】进行室外整体日光效果的模拟，如图 5-35 所示；对于室内的灯光的制作，只在斜向的天花板处进行一盏暖色的灯光的制作以表达出室内的照明方式，最后再利用 Plane【平面】类型的 VRaylight 进行几处补光以突出场景中的一些局部细节效果，如图 5-36 所示。

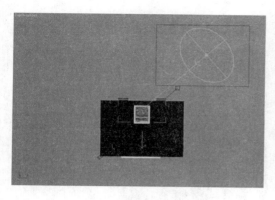

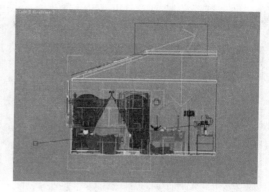

图 5-35　室外光的布置　　　　　　　　　　图 5-36　室内灯光的布置

5.3　画面构图

　　画面构图除了与摄像机位置的选择有关之外，对画面长宽比例的调整即渲染像素尺寸的设置也是一个因素，通过画面长宽比例可以决定画面是横向构图还是纵向构图，并对画面的边际效果进行一定的裁切整理，本案例作为卧室的表现，床虽然为表现中心，但对于卧室的整体布局也要表现得当，因此选择横向构图。

5.3.1　布置摄像机

Steps 01 将场景模型切换至 Top【顶视图】，按 F3 键将视图切换至线框显示模式，然后进入摄像机创建面板，单击 Target【目标】按钮，在场景创建一盏目标摄像机，如图 5-37 所示。

Steps 02 按 L 键切入场景的左视图，调整好摄像机的高度与摄像机目标点的位置，如图 5-38 所示。

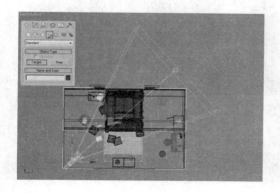

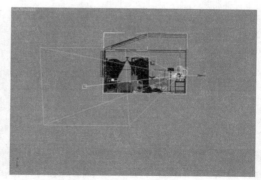

图 5-37　在 Top【顶视图】内创建目标摄像机　　　　图 5-38　摄像机在左视图中的位置

Steps 03 按 C 键切换到摄像机视图，如图 5-39 所示。修改摄像机的 Lens【镜头值】为 23，并选择摄像机并单击右键为其添加 Apply camera correction modifier【摄像机矫正器】调整视图中模型的透视关系，如图 5-40 所示。

图 5-39　初始摄像机视图　　　　　　　　　　图 5-40　调整后的摄像机视图

5.3.2　设置渲染尺寸

接下来就需要对场景的渲染尺寸进行设定，从而完成场景的构图比例，在实际的工作中常需要根据视图中的显示效果进行多次的调试才能得到合适的数值。

Steps 01 按 F10 键打开渲染面板选择 common【公用参数】选项卡，设置本场景的 Width【宽度】与 Length【长度】分别为 600，412，如图 5-41 所示。

Steps 02 在设定了最初的图像长宽比后视图中并不能体现这个构图比例关系，还需要按 Shift＋F 组合键显示安全框才能观察到设定好的构图比例，如图 5-42 所示。

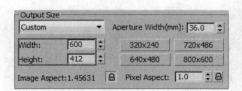

图 5-41　设定图面长宽比例　　　　　　　　图 5-42　打开安全框

5.4　场景材质初步调整

5.4.1　调整默认视图参数

在确定了画面构图后，接下来就可以开始对场景的材质进行初步调节，而在材质初步的调节的过程中，需要确认的材质效果一般只有材质纹理贴图的大小、方向、拼贴效果，这些效果通过观察视图就可以确认，而对于反射/折射及其他效果则需要根据测试渲染效果进行适时的调整，默认参数设置下视图实体观察效果如图 5-43 所示。

图 5-43 默认视图显示效果

可以发现场景缺少灯光照明，视图显示效果并不适合全面观察到贴图纹理效果，右键单击视图左上方的视图名称，在弹出的菜单栏中选择 Configure【配置】参数，然后在弹出的参数面板中将场景默认灯光数量设置为 2，就能得到较好的视图显示效果，如图 5-44 所示。

图 5-44 调整视图配置参数

注意: 本书所有实例章节中的材质调整过程中都会对视图默认的灯光数量做出以上的调整，以更准确的观察材质的初步调整效果，因此在后面的章节中该过程笔者就不再一一讲述。

5.4.2 场景材质初步调整

完成视图参数的调整后，就开始进行材质的初步调整，一般而言最先调整地板材质与墙面材质，因为相对而言这两个材质的影响面较大，然后家具摆设材质的调整，为了方便大家对材质调整顺序的把握以及对相应材质参数的查阅，材质调整顺序进如图 5-45 所示。

图 5-45　材质调整顺序

1．木地板材质

本场景的设计中融合了地中海风格，地板材质选择了纹理清新的亚光木纹材质，在材质的处理上要注意两点：一是要选择浅色的木纹搭配整体场景的清新氛围；二是木纹的方向要选择与视线平行。

Steps 01 按下 M 键打开材质编辑器，将材质类型转换为 VRay mtl【VRay 基本材质】，并命名为"亚光木地板材质"。

Steps 02 在 Diffuse【漫反射】贴图通道加载木纹贴图，并将 Blur【模糊】参数值调整为 0.01。

Steps 03 在 Reflect【反射】贴图通道指定 Falloff【衰减】贴图，然后设置 Falloff Type【衰减方式】为 Fresnel【菲涅尔反射】类型。

Steps 04 将 Hlight glossiness【高光光泽度】设为 0.75，Refl glossiness【反射光泽度】设为 0.9。

Steps 05 在 Maps【贴图】卷展栏内将 Diffuse【漫反射】内的木纹贴图拖曳复制至 Bump【凹凸】贴图通道，调整凹凸数值为 18，具体设置如图 5-46 所示。

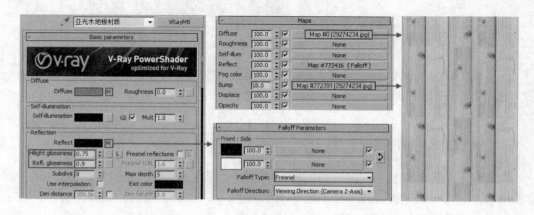

图 5-46　亚光木地板材质参数

Steps 06 将制作好的亚光木地板材质赋予地板模型后，选择地板模型按并按 Alt+Q 组合键将其独立显示，然后切换至 Top【顶视图】观察，如图 5-47 所示为木纹纹理拼贴效果。

图 5-47　默认木纹纹理拼贴效果

Steps 07 很明显此时的木纹纹理拼贴过于稀疏，选择地板模型进入修改命令面板为其添加 UVW 贴图修改命令，然后修改其参数如图 5-48 所示，得到的木纹纹理效果如图 5-49 所示。

图 5-48　UVW 贴图参数

图 5-49　调整后的木纹拼贴效果

注意: 对于材质纹理拼贴效果的调整本书都是通过 UVW 贴图修改命令来完成，因此在以后所有的材质制作关于纹理拼贴效果的调整，笔者就不再一一重复细述 UVW 贴图修改命令的添加过程，只罗列出详细的 UVW 贴图参数，以加快讲解的节奏。

2.　墙面布纹材质

本例中的墙面的材质采用了蓝、白、红三色调的竖向布纹，体现出了强烈的地中海风格，对于其材质的制作也采用了较经典的制作方法。

Steps 01 按 M 键打开材质编辑器，设置 Standard【标准材质】的明暗器为 Oren-nayan-blinn 类型，并命名为"墙面布纹材质"。

Steps 02 在 Diffuse【漫反射】贴图通道加载布纹贴图，设置 Blur【模糊】参数设为 0.01。

Steps 03 在 Self-illumination【自发光】贴图通道加载 Mask【遮罩】贴图，并同时加载 Perpendicular/Parallel【平行/垂直】类型的 Falloff【衰减】贴图；在 Mask【遮罩】贴图则

设置为 Shadow/Light【阴影/灯光】类型的 Falloff【衰减】贴图，将 Shadow 色块颜色设置
为 60 的灰度。

Steps 04 在 Maps【贴图】卷展栏内将 Diffuse【漫反射】内的布纹贴图拖曳复制到 Bump【凹
凸】贴图通道，具体布纹材质参数设置如图 5-50 所示。

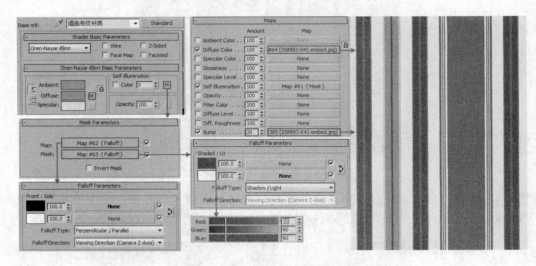

图 5-50　布纹材质参数与材质球效果

Steps 05 墙面布纹的 UVW 贴图参数和效果如图 5-51 所示。

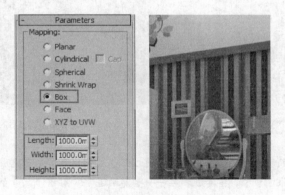

图 5-51　墙面布纹的 UVW 贴图参数和效果

3．天花板白色乳胶漆材质

白色乳胶漆材质的制作相对要简单得多，只要对应地调整出 Diffuse【漫反射】颜色并
设置出轻微的高光效果即可。

Steps 01 按 M 键打开材质编辑器，将材质类型转换为 VRay mtl【VRay 基本材质】，然后
为其命名为"墙面乳胶漆材质"。

Steps 02 在 Diffuse【漫反射】颜色通道调整 RGB 值为 255 的纯白色。

Steps 03 设置 Reflect【反射】颜色通道为 10 的灰度，再将 Hlight glossiness【高光光泽度】
设为 0.35。

Steps 04 在 Option【选项】卷展栏内，取消 Trace reflect【反射追踪】参数的勾选，具体材质参数设置如图 5-52 所示。

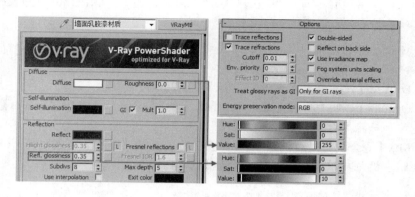

图 5-52　墙面乳胶漆材质参数

4. 床体白漆木纹材质

白漆木纹材质由于表面白色漆的覆盖，具有较为光滑的表面。

Steps 01 按 M 键打开材质编辑器，将材质类型转换为 VRay mtl【VRay 基本材质】，并命名为"床体木纹材质"。

Steps 02 将 Diffuse【漫反射】颜色调整为 250，252，255 的白色。

Steps 03 在 Reflect【反射贴图】通道指定 Falloff【衰减】程序贴图，进入子层级，将 Falloff Type【衰减方式】设为 Fresnel【菲涅尔反射】类型。

Steps 04 将 Hlight glossiness【高光光泽度】设为 0.8，Refl glossiness【反射光泽度】设为 0.9。

Steps 05 在 Maps【贴图】卷展栏内为 Bump【凹凸】贴图通道加载木纹贴图，并调整数值为 5，制作出材质表面较明显的凹凸效果，白漆木纹材质具体参数设置如图 5-53 所示。

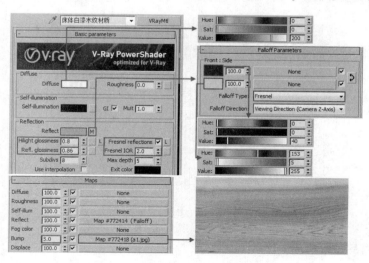

图 5-53　白漆木纹材质具体参数与材质球效果

5. 床纱缦材质

本例中的纱缦材质除了有较明显的透明效果之外，还有实体花纹的点缀，给人一种十分浪漫唯美的感觉。

Steps 01 按 M 键打开材质编辑器，将材质类型转换为 VRay mtl【VRay 基本材质】，并命名为"床纱缦材质"。

Steps 02 将 Diffuse【漫反射】颜色 RGB 值调整为 255 的纯白色。

Steps 03 在 Opacity【透明】贴图通道添加 Mix【混合】贴图，再为 Mix Amount【混合数量】的贴图通道添加一张黑白的花纹贴图。

Steps 04 在 Mix【混合】贴图内调整 Color1 颜色通道为接近白色的蓝色，将 Color2 的颜色通道设置为暗色调，床纱缦材质具体参数如图 5-54 所示。

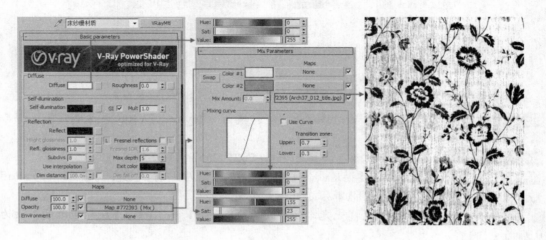

图 5-54　床纱缦材质具体参数

Steps 05 床纱缦模型对应的 UVW 参数设置和材质球效果如图 5-55 所示。

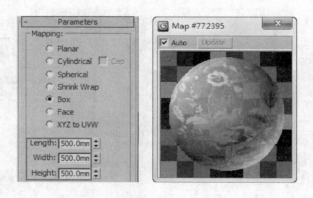

图 5-55　床纱缦模型 UVW 参数设置

6. 床上用品布纹材质

一般布料具有表面比较粗糙、基本没有反射效果、表面有一层白茸茸的的感觉等特征。

下面我们根据这几个特征来进行调节。

Steps 01 按 M 键打开材质编辑器，将材质类型转换为 VRay mtl【VRay 基本材质】，并命名为 "床上用品布纹材质"。

Steps 02 为 Diffuse【漫反射】贴图通道添加 Falloff【衰减】贴图以模拟布纹表面特点。

Steps 03 在 Falloff【衰减】贴图的色彩贴图通道内设置一张同样的布纹贴图，这里要注意的是要根据模型大小将其横向与纵向拼贴次数调整为 3。

Steps 04 在 Bump【凹凸】贴图通道设置一张灰调的布纹贴图，同样需要调整其拼贴次数为 3，并将凹凸值设置为 15，获得布纹的织路凹凸效果，床上布纹材质具体的材质参数如图 5-56 所示。

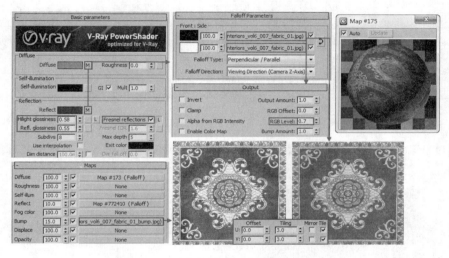

图 5-56　床上用品布纹材质参数与材质球效果

7. 地毯毛发及其材质的制作

地毯整体的渲染效果如图 5-57 所示，其中间部分的材质制作十分简单，在 VRayMtl【VRay 基础材质】的 Diffuse【漫反射】贴图通道内设置一张布纹贴图即可，笔者着重点为大家讲解的是其线状边缘效果的制作。

图 5-57　地毯整体的渲染效果

Steps 01 如图 5-57 所示非常密集的线状或毛发效果通过模型的制作是非常困难的，但通过 VRayFur【VRay 毛发】对物体进行模拟则相对简单，首先将创建面板的标准几何体面板的下拉按钮切换到 VRay 物体，找到 VRayFur【VRay 毛发】创建按钮，如图 5-58 所示。

Steps 02 VRayFur【VRay 毛发】物体本身并不能产生毛发效果，它需要附身于场景中某个具体的模型或模型的若干个面上，所以要选择制作毛发效果的地毯侧边模型，单击 VRayFur【VRay 毛发】按钮，就会产生如图 5-59 所示的毛发效果。

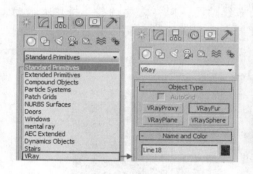

图 5-58　单击 VRay 毛发创建按钮

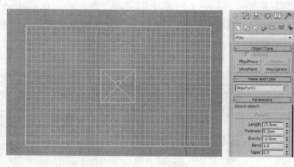

图 5-59　VRayFur 毛发效果

Steps 03 对 VRayFur【VRay 毛发】参数进行调整，如图 5-60 所示是调整参数后的 VRay 毛发效果。

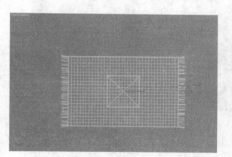

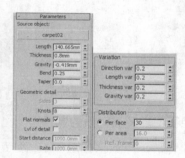

图 5-60　调整后的毛发视图效果

可以看到调整后的毛发效果十分明显，而当前设置的参数下渲染的毛发效果如图 5-57 所示，下面来介绍一下主要参数的作用。

　↘　Length【长度】：该参数控制毛发的长度，如图 5-61 所示。

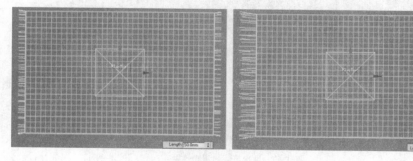

图 5-61　Length【长度】参数控制毛发的长度

➤ Thickness【粗细】：该参数控制毛发的粗细，该参数的效果需要通过渲染才能体现，如图 5-62 所示。

图 5-62　Thickness【粗细】参数控制毛发的粗细

➤ Gravity【重力】：该参数控制毛发上翘或是下垂，取不同的正值时毛发总体呈不同程度上翘的效果，取不同负数时则为不同程度的下垂效果，如图 5-63 所示。

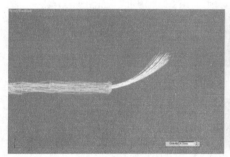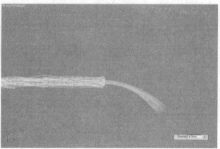

图 5-63　Gravity【重力】参数控制毛发上翘或是下垂

➤ Bend【弯曲】：该参数控制毛发的弯曲效果，如图 5-64 所示。

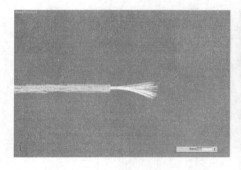

图 5-64　Bend 参数控制毛发的弯曲效果

　　由于 VRayFur【VRay 毛发】效果需要较长时间的计算，因此通过其参数的调整过程中的测试渲染确认其最终效果后，在灯光的测试渲染过程时最好将其进行隐藏，而在进行光子图的渲染以及最终成品图的渲染时再将其取消隐藏，这样可以节省出可观的渲染时间。接下来开始场景灯光的布置。

5.5 设置场景灯光

设置场景灯光时，需要进行灯光的测试实时地确认灯光的亮度、色彩以及投影效果，而对整个图像的采样方式、抗锯齿效果、光子图质量等都不需要有较高的要求，遵循这一原则，可以在进行场景灯光前对渲染参数进行选择性的设置以加快测试渲染的节奏。

5.5.1 设置测试渲染参数

Steps 01 按 F10 键打开渲染面板，进入 Renderer【渲染器】选项卡，首先对 V-Ray:: Frame buffer （VRay 帧缓存）卷展栏进行调整，具体参数设置如图 5-65 所示。

Steps 02 在开启了 VRay 帧缓存之后，为了避免资源的浪费应该在 Common 公用参数面板中将 3ds max 自带的帧缓存关闭，具体参数设置如图 5-66 所示。

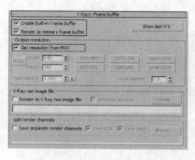

图 5-65　开启 VRay 帧缓存

图 5-66　取消 3ds max 默认帧缓存

Steps 03 整体调整渲染品质以便更快捷地查看测试渲染效果，各卷展栏具体参数设置如图 5-67 所示。

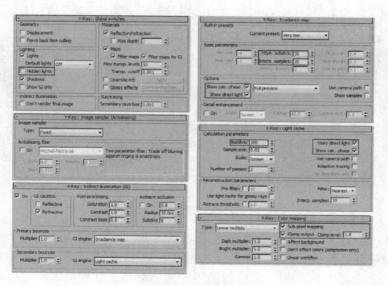

图 5-67　设置测试渲染参数

其他未标示的参数保持默认即可，下面进行室外灯光即 VRaySun【VRay 阳光】与 VRaySky【VRay 天光】的布置。

5.5.2 布置 VRaySun【VRay 阳光】与 VRaySky【VRay 天光】

VRaySun【VRay 阳光】与 VRaySky【VRay 天光】的结合使用能制作出十分逼真的日光效果。

Steps 01 将场景切换到 Top 视图，单击图 5-68 所示的灯光创建按钮，创建出一盏 VRaySun【VRay 阳光】，在弹出是否自动添加 VRaySky【VRay 天光】环境贴图时选择"是"，如图 5-69 所示。

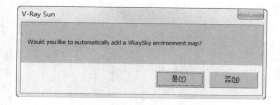

图 5-68　VRaySun【VRay 阳光】创建按钮　　　　图 5-69　添加 VRaySky【VRay 天光】环境贴图

Steps 02 调整 VRaySun【VRay 阳光】在 Top【顶视图】与 Left【左视图】内的位置如图 5-70 所示。

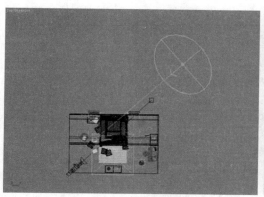
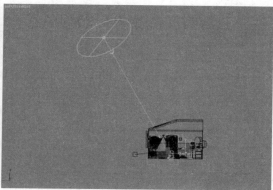

图 5-70　VRaySun【VRay 阳光】的位置

Steps 03 按 8 键切换到 Environment effect【环境特效】面板，暂时取消 VRaySky【VRay 天光】的应用，如图 5-71 所示。

Steps 04 保持 VRaySun【VRay 阳光】的默认参数，按 C 键切换至摄像机视图，进行当前灯光效果的测试渲染，得到的渲染结果如图 5-72 所示。

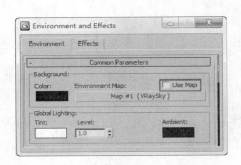

图 5-71　取消 VRaySky 的应用　　　　　　　图 5-72　默认 VRaySun【VRay 天光】渲染效果

Steps 05 可见场景严重曝光，没有任何空间感可言，选择 VRaySun【VRay 阳光】，将其参数调整至如图 5-73 所示，并再次进行渲染，得到的渲染结果如图 5-74 所示。

图 5-73　调整 VRaySun【VRay 天光】参数　　　图 5-74　调整后的 VRaySun【VRay 天光】渲染效果

Steps 06 观察此时的渲染效果，阳光透过天窗打在白色的纱缦以及地板上，留下了明亮的光影效果，因此 VRaySun【VRay 天光】就先布置到这里，接下来调整 VRaySky【VRay 天光】的效果，首先在 Environment effect【环境特效】面板中启用 VRaySky【VRay 天光】，如图 5-75 所示。

Steps 07 将其关联复制到一个空白材质球上并保持如图 5-76 所示的默认 VRaySky【VRay 天光】参数。

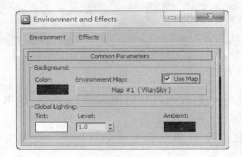

图 5-75　启用 VRaySky【VRay 天光】　　　　　图 5-76　保持默认的 VRaySky【VRay 天光】参数

Steps 08 切换到摄像机视图进行测试渲染，得到的渲染结果如图 5-77 所示。

图 5-77　默认 VRaySky 参数下的渲染效果

Steps 09 观察此时的渲染效果，场景便没有产生明显的照明效果，因此需要进行参数的修改，首先启用天光参数，再拾取场景中的 VRaysun，使两者产生关联，具体的参数设置则如图 5-78 所示。

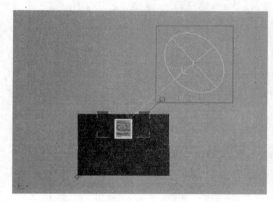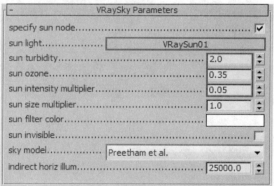

图 5-78　调整 VRaySky【VRay 天光】参数

Steps 10 VRaySky【VRay 天光】参数调整完成后，返回摄像机视图再次对场景进行灯光测试渲染，效果结果如图 5-79 所示。

可以发现此时的天光效果已产生明显作用，整个卧室的空间结构与布局已经相当清楚，同时室内的光感颜色呈现十分理想的清新蓝色，接下来就开始室内灯光与补光的布置。

5.5.3　布置室内灯光与补光

本案例中室内灯光与补光全部由 Plane【平面】类型的 VRaylight 完成，如图 5-80 所示。

图 5-79　调整 VRaySky【VRay 天光】参数后的渲染效果　　　图 5-80　Plane【平面】类型 VRaylight

Steps 01 布置的是斜向天花板与平行天花板交界处光源，该灯光在 Top【顶视图】与 Left【左视图】内的位置如图 5-81 所示。

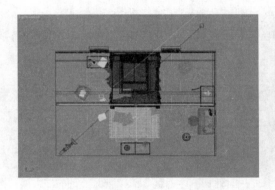

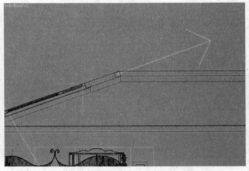

图 5-81　灯光在 Top【顶视图】与 Left【左视图】内的位置

Steps 02 调整好灯光的位置后，选择灯光进入修改命令面板调整其参数如图 5-82 所示。

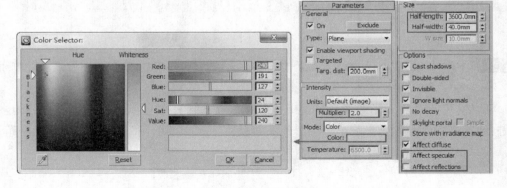

图 5-82　灯光的详细参数

Steps 03 修改完灯光参数后，返回摄像机视图进行灯光测试渲染，如图 5-83 所示。

图 5-83　测试渲染效果

Steps 04 接布置平行天花板上的灯光，加强场景的亮度以营造出上午室内阳光的充沛感，该盏灯光在 Top【顶视图】与 Left【左视图】内的位置如图 5-84 所示。

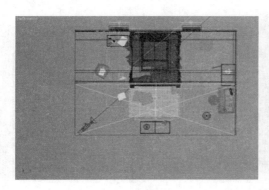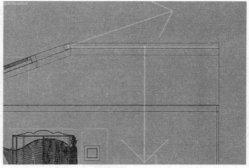

图 5-84　灯光在 Top【顶视图】与 Left【左视图】内的位置

Steps 05 调整好灯光的位置后，选择灯光进行修改命令面板调整其参数如图 5-85 所示。

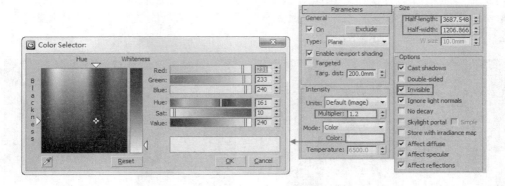

图 5-85　灯光详细参数

Steps 06 修改完灯光参数后，返回摄像机视图进行灯光测试渲染，如图 5-86 所示。

图 5-86 渲染效果

Steps **07** 观察此时的渲染效果可以发现场景的光感虽然得到了较大的提升，但在一些地方也出现了曝光过度的现象，按 F10 键打开渲染面板，调整 Color mapping【颜色映射】内的参数如图 5-87 所示。

Steps **08** Color mapping【颜色映射】调整完成后，再次对场景进行灯光测试渲染，渲染结果如图 5-88 所示。

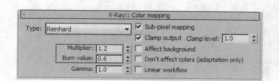

图 5-87 调整 Color mapping【颜色映射】参数

图 5-88 渲染效果

Steps **09** 观察如图 5-88 所示的测试渲染效果，上午时分阳光清澈与充沛的特点表现相当到位，考虑到阳光的入射方向会使左侧区域的亮度略微高于其他区域，同时也为了突出这个地方的模型与材质细节，笔者在该位置布置了一盏补光，该灯光在 Top【顶视图】与 Left【左视图】内的位置如图 5-89 所示。

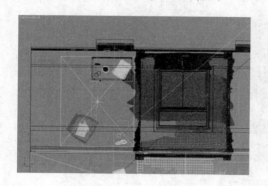

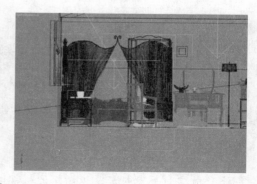

图 5-89 灯光在 Top【顶视图】与 Left【左视图】内的位置

Steps 10 补光的参数设置如图 5-90 所示。

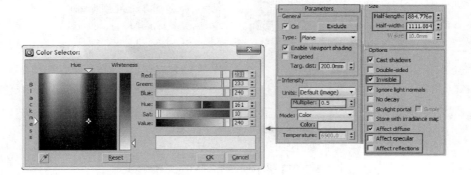

图 5-90　补光参数

Steps 11 补光参数设置完成后，再次对场景进行测试渲染，如图 5-91 所示。

图 5-91　渲染效果

　　至此场景所有的灯光布置已经完成，接下来就根据最后的测试渲染效果进行材质上的细节调整与光子图的渲染。

5.6　材质细调与光子图渲染

5.6.1　材质细调

　　材质的细节调整常针对材质细分以及对溢色与亮度进行调整，本章节首先调整的材质的溢色与亮度，观察图 5-91 所示的渲染效果，可以发现地板材质与墙面布纹材质的色彩还可以进行色彩钳制以得到效果上的亮化。

Steps 01 按 "M" 键开材质编辑器，选择亚光木地板材质球，单击 VRaymtl【VRay 基本材质】按钮添加 VRaymtlwrapper【VRay 包裹材质】，并调整其参数如图 5-92 所示。

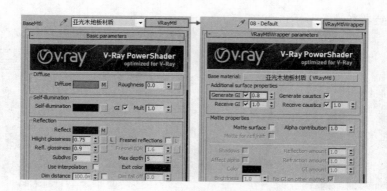

图 5-92　添加 VRaymtlwrapper【VRay 包裹材质】

Steps 02 对于墙面布纹材质的调整笔者则使用了 VRayoverridemtl【VRay 代理材质】，通过在其 GI materials【GI 材质】内设置一个浅色材质控制溢色效果，具体参数调整如图 5-93 所示。

图 5-93　添加 VRayoverridemtl【VRay 代理材质】

Steps 03 在完成了以上材质的细节调整后，再次对场景进行测试渲染，渲染结果如图 5-94 所示。

图 5-94　渲染效果

　　对比观察图 5-91 的渲染效果可以发现地板材质与墙面布纹材质的色彩都要明亮纯正一些，接下来就调整摄像机近端材质的细分值，增强其细节的表现。本章节依次将亚光木地板，墙体布纹以及床体白漆木纹的材质细分值增大至 24 即可，如图 5-95 所示。

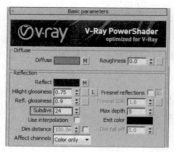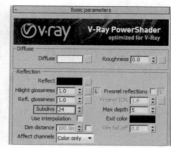

图 5-95　修改材质细分值

5.6.2　渲染光子图

在完成材质的细节调整后，接下来就可以着手进行光子图的渲染了，首先要完成的工作是提高场景灯光的细分值，选择场景中的灯光调整其阴影细分值，如图 5-96 所示。

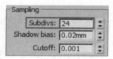

图 5-96　增大灯光细分值

接下来就可以进行光子图渲染参数的调整并进行渲染。

Steps 01 按 F10 键打开渲染面板，进入 Renderer【渲染器】选项卡，调整 Irradiance map【发光贴图】与 Light cache【灯光贴图】的参数如图 5-97 所示。

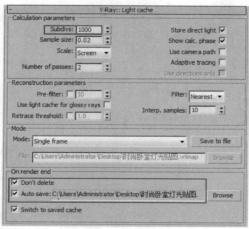

图 5-97　调整 Irradiance map【发光贴图】与 Light cache【灯光贴图】的参数

Steps 02 调整 DMC sampler【准蒙特卡罗采样】的参数，整体提高图像的采样精度，如图 5-98 所示。

Steps 03 调整完以上所有参数后，按 C 键返回摄像机视图，取消 VRayFur【VRay 毛发】物体的隐藏，单击 ◎ 按钮对场景进行光子图渲染。

Steps 04 光子图渲染完成后，再次打开渲染参数面板，查看 rradiance map【发光贴图】与 Light cache【灯光贴图】参数，可以发现光子图已经被保存并被系统自动调用，如图 5-99 所示。

图 5-98　调整 DMC sampler 的参数

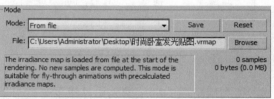

图 5-99　自动调用光子图

5.7　最终渲染

接下来就通过设置最终参数渲染最终的成品图。

Steps 01 打开 Global switche【全局开关】卷展栏，开启材质模糊效果与置换效果，具体参数调整如图 5-100 所示。

Steps 02 打开 Image sampler【Antialiasing】【图像采样】卷展栏，选择 Adaptive QMC【自适应蒙特卡罗】采样器与 Mitchell-Netravali 抗锯齿过滤器，如图 5-101 所示。

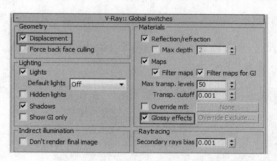

图 5-100　调整 Global switche【全局开关】卷展栏参数　　图 5-101　Image sampler【Antialiasing】【图像采样】卷展栏

Steps 03 调整好最终成品图的渲染尺寸，如图 5-102 所示。

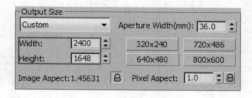

图 5-102　最终成品图的渲染尺寸

Steps 04 此外在 Photoshop 中对图像进行后期处理时，经常需要对图像中同一材质的区域进行单独的色彩或是亮度方面的处理，为了精确地进行区域选择，可以利用 VRaywireColor【VRay 线框颜色】渲染元素进行色彩通道的渲染，首先进入 Render Elements 【渲染元素】选项卡，然后再单击 Add【添加】按钮，选择添加 VRaywireColor【VRay 线框颜色】渲染元素后再勾选 Enable【启用】参数，最后 VRaywireColor【VRay 线框颜色】渲染元素设置好图片保存路径即可，如图 5-103 所示。

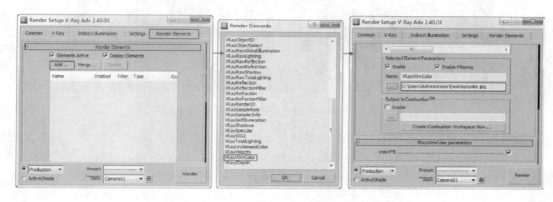

图 5-103　添加 VRaywireColor 元素

Steps 05 以上所有的参数设置完成后，返回摄像机视图进行最终渲染，如图 5-104 所示。
Steps 06 与此同时利用 VRaywireColor【VRay 线框颜色】元素渲染得到的色彩通道如图 5-105 所示，此外本书的配套光盘中配有每章场景专用的色彩通道渲染场景。

图 5-104　最终渲染效果

图 5-105　色彩通道图

5.8　后期处理

在室内效果图的后期处理中，首先要调整的是图像的整体色彩的明度，在 3ds max 中材质与灯光只要得到一个接近理想色彩即可，而不需要在其中根据测试渲染结果反复调整，这样将耗费大量时间的方法进行理想色彩的矫正，利用 Photoshop 软件进行色彩的调整快速而又直接。

Steps 01 启动 Photoshop CS 软件，分别打开渲染成品图、色彩通道图，然后选择色彩通道

图按 V 键启用移动工具将其复制至渲染成品图图像文件中，得到一个新的图层，如图
5-106 所示。

图 5-106　合并渲染成品图与色彩通道图至同一图像文件

Steps 02 色彩通道图的正确使用还需利用移动工具将其与渲染成品图完全对齐，然后单击
该图层前的 👁 的按钮，暂时关闭该图层，如图 5-107 所示。

Steps 03 在室内效果图的后期处理中，首先要调整的是图像的整体色彩的明度，选择背景
图层，按 Ctrl + J 组合键将其复制到一个新的图层，然后单击图层调板下方的 ⬛ 按钮，在
弹出的窗口中选择"色阶"命令，如图 5-108 所示。

图 5-107　对齐色彩通道图层　　　　　　　　　　　　图 5-108　调整色阶

Steps 04 通过色阶调整图像在色彩上的效果改变如图 5-109 所示，可以看到调整前的图像
色彩表现力略显单薄，而调整后的图像色彩显得凝重真实。

图 5-109　调整色阶对图像的影响

Steps 05 然后再单击图层调板下方的 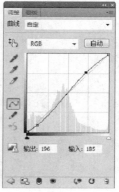 按钮，在弹出的窗口中选择"曲线"，如图 5-110 所示。

图 5-110 调整曲线

Steps 06 曲线调整前后图像的效果变化如图 5-111 所示，可以发现曲线效果在保证图像整体亮度不发生大的改变的同时增强了画面的明暗对比。

图 5-111 调整曲线对图像的影响

Steps 07 单击图层调板下方的  按钮，在弹出的窗口中选择选择"照片滤镜"，其具体的参数设置如图 5-112 所示。

图 5-112 照片滤镜参数

Steps 08 照片滤镜给图像在整体氛围上的改变如图 5-113 所示，本例选择的冷却滤镜会给图像整体蒙上淡淡的蓝色，更切合上午阳光的质感，大家可以尝试选用其他的照片滤镜进行效果上的调整。

图 5-113　照片滤镜对图像整体氛围的改变

Steps 09 通过照片滤镜调为图像增添蓝色氛围后，然后再单击图层调板下方的 按钮，选择"色彩平衡"，为场景中的阴影也添加些许蓝色效果，其参数设置如图 5-114 所示。

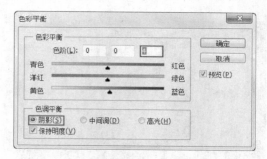

图 5-114　色彩平衡参数设置　　　　　　　　图 5-115　色相/饱和度参数设置

Steps 10 用同样的方式调出色相/饱和度参数面板，设置其具体参数如图 5-115 所示。加深场景中蓝色明度，使画面变得明亮，经过以上两步调整，图像产生的改变如图 5-116 所示。

图 5-116　画面效果的改变

Steps 11 到这里图像的色彩与亮度方面的调整就完成了，此时按 Alt+Ctrl+Shift+E 组合键，将当前调整好的各个图像元素整体合并至一个新的图层中，如图 5-117 所示。

图 5-117　合并当前图像元素至新图层

Steps 12 观察图 5-117 可以发现此时图像中窗外的背景还是一片白色，接下来就添加场景背景，首先打开配套光盘中本章的后期文件中名为背景的图片，并将其拖曳复制到当前的图像文件，然后调整好背景图片的位置如图 5-118 所示。

Steps 13 选择图层 1，将窗口处建立好选区，如图 5-119 所示。

图 5-118　添加背景图片

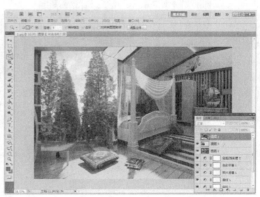

图 5-119　建立 Alpha 选区

Steps 14 在图层 3 中按 Ctrl+Shift+I 组合键反选出图像的背景区域，删除被选如图 5-120 所示。

Steps 15 调整图层 3 的不透明度至 25%，显示出背景图片中的树梢效果，如图 5-121 所示。

图 5-120 剪切窗口白色背景至新图层 3　　　　　　　图 5-121 调整出背景树梢效果

Steps 16 这样整个场景就制作完成了，最终效果如图 5-122 所示。

图 5-122 最终效果

第 6 章
超现代卫生间

本章重点：

- 对称性构图的运用
- 各种马赛克材质与盆栽材质制作
- Dispalce【置换】贴图的运用
- 清晨阳光的特点
- VRay 球光与光域网文件的使用
- 颜色通道场景的制作
- 利用后期软件进行构图的调整

6.1 解读场景及布光思路

效果图的美感并不完全来自材质与灯光的逼真度，对于构图的巧妙布置往往能使本来缺少画面语言而显得乏味的场景变得充满艺术美感。

6.1.1 解读场景

首先打开本书配套光盘中的卫生间白模文件，按 T 键切换到 Top【顶视图】观察一下场景模型的布局，如图 6-1 所示。

可以发现场景空间整体呈狭长形，这就对场景的表现视角的定位制造了比较大的困难，选择常用的斜向视角虽然能体现出场景的前后层次感，但空间显得凌乱拥挤又缺少平衡感，如图 6-2 所示，而这正是表现狭小空间所禁忌的，空间结构本来狭小，在效果图的表现上就要避开这个问题。

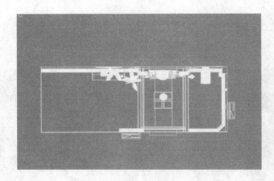

图 6-1　卫生模型布局

图 6-2　利用斜向视角得到的渲染画面

再观察场景模型可以发现场景表现的模型主体呈线性集中于一侧，结合之前关于对称性构图的知识，笔者选择了将摄影机置于了场景的正前方，用面的形式表现卫生间的布局关系，得到了如图 6-3 所示的渲染效果，对比可以发现此时的画面显得舒展自然，场景空间窄而长，我们就表现出其长的特点而回避窄的缺点，从左至右清晰地表现出了卫生间的设计布局，此图像以洗手台为对称中心，取得了一种接近对称的美感。

图 6-3　对称性构图渲染画面

6.1.2 布光思路

场景主要有如图 6-4 所示的三处室外光线采光口，其中右侧两个面积较小的窗户是设计中真实存在的，而场景左侧的采光口实际上是卫生间与其他室内空间连接的门洞，为了便于灯光的布置，笔者将其简化处理成了一个面积较大的采光口。

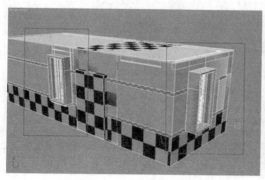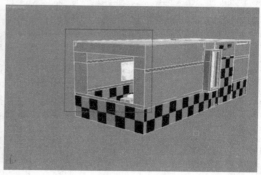

图 6-4　场景室外采光口

由于选择了对称性构图表现场景，因此在室外光线不宜过强，结合场景色彩设计纯净的特点，以略带蓝色的晨光最为合适，此外由于此时的阳光是呈斜线状入射至室内也给平静的画面带来一些韵律上的变化，多了一丝动态美感如图 6-5 中所示。

而场景的室内灯光的布置就特别简单，仅开启了镜前的暗藏灯光与两盏射灯灯光与场景材质黑与白的主色调形成了色彩上的对比关系，室内灯光的最终布置如图 6-6 所示。

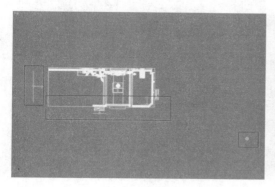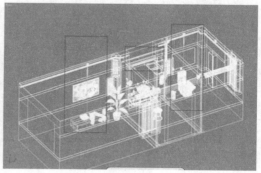

图 6-5　室外灯光布置　　　　　图 6-6　室内灯光布置

6.2　画面构图

通过解读场景我们已经确认了场景使用对称性构图，接下来就来完成场景摄像机的布置与渲染尺寸的调整。

6.2.1 布置摄像机

Steps `01` 在 Top【顶视图】与 Left【左视图】中如图 6-7 所示的位置创建摄像机，具体坐标值为【-1627，-2370，1073】，具体目标点坐标为【-1627，3226，1073】。

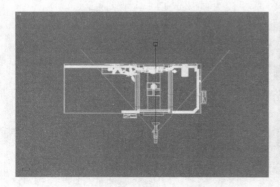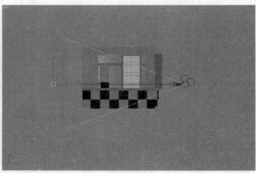

图 6-7　摄像机在场景中的位置

Steps `02` 摄像机的位置的确定后，按 C 键进入摄像机视图，此时的摄像机视图如图 6-8 所示。

Steps `03` 可以发现此时的摄像机视线被墙体所阻拦，遇到此类情况开启摄像机的 Clipp【剪切】功能即可，如图 6-9 所示，在顶视图中，观察两个剪切平面与墙体的位置关系，最终确定 Near clip【近端剪切】数值为 1666，Far Clip【远端剪切】数值为 5220。

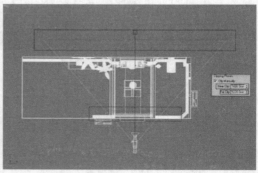

图 6-8　未调整的摄像机视图　　　　　　　　图 6-9　调整摄像机剪切位置

Steps `04` 再次切换入摄像机视图，得到的摄像视图如图 6-10 所示，由于视野太窄，对场景布局并没有进行较全面的观察，调整其 Lens【镜头】参数值至 21，得到如图 6-11 所示的摄像机视图。

完成摄像机位置与参数的调整后，接下来就需要通过渲染尺寸的调整，把握好画面的长宽比调整出最终的画面构图。

图 6-10　未调整镜头值的摄像机视图　　　　　　图 6-11　调整镜头值后的摄像机视图

6.2.2 设置渲染尺寸

由于要突出场景空间上长的特点，因此本场景的渲染尺寸上长宽比例较大，具体参数设置如图 6-12。所示，然后按 Shift + F 组合键打开场景渲染安全框，得到场景构图如图 6-13 所示。

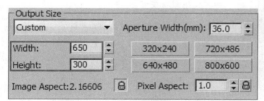

图 6-12　场景渲染尺寸　　　　　　　　　　图 6-13　场景的最终构图

> 注意: 这个数值只是用来确定构图的长宽比以及用于灯光的测试渲染，并不是最终的渲染尺寸。

6.3 场景材质初步调整

本场景的材质调节次序如图 6-14 所示。

1. 地面黑白马赛克材质

本例中的地面材质为黑白相间的马赛克材质，该种材质表面比较光滑，在材质制作上的难点为黑白色块的交替体现及其大小的控制。

Steps 01 按 M 键打开材质编辑器，将材质类型转换为 VRay mtl【VRay 基本材质】，并命名为"黑白马赛克材质"。

图 6-14　场景材质调节次序

Steps 02 在 Diffuse【漫反射】贴图通道加载 checker【棋盘格】贴图，然后将 Blur【模糊】参数设为 0.01，其他参数保持默认即可。

Steps 03 在 Reflect【反射】贴图通道指定 Falloff【衰减】程序贴图表现菲涅尔反射效果，设置 Falloff Type【衰减方式】为 Fresnel【菲涅尔反射】类型。

Steps 04 将 Hilight glossiness【高光光泽度】设为 0.7，Refl glossiness【反射光泽度】设为 0.9，具体材质参数设置与材质球效果如图 6-15 所示。

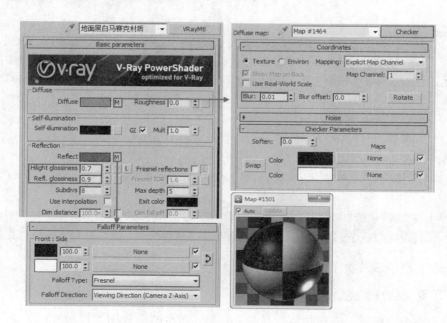

图 6-15　黑白马赛克材质参数及材质球效果

Steps 05 通常地面马赛克材质的面积大小为 800×800，因此对应地设置其 UVW 贴图参数如图 6-16 所示。

图 6-16　地面马赛克材质

2. 墙面瓷砖材质

本例的墙面材质为表面略带蓝色的瓷砖材质，整体风格简练稳重，表面略带反射效果，拼缝比较明显。

Steps 01 按 M 键打开材质编辑器，将材质类型转换为 VRay mtl【VRay 基本材质】，并命名为 "墙面瓷砖材质"。

Steps 02 由于这里的墙面瓷砖材质没有花纹效果，因此在 Diffuse【漫反射】的颜色通道设置出瓷砖表面的淡蓝色即可。

Steps 03 在 Reflect【反射】贴图通道指定 Falloff【衰减】程序贴图表现菲涅尔反射效果，并将 Falloff Type【衰减方式】调整为 Fresnel【菲涅尔反射】类型。

Steps 04 Hilight glossiness【高光光泽度】设为 0.8，Refl glossiness【反射光泽度】设为 0.88。

Steps 05 在 Bump【凹凸】贴图通道内加载一张黑白的位图，模拟瓷砖间较深拼缝凹凸效果，墙面马赛克材质具体参数设置如图 6-17 所示。

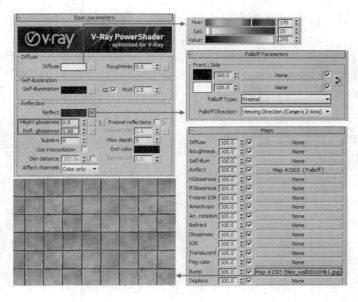

图 6-17　墙面马赛克材质具体参数

Steps **06** 墙面模型的 UVW 贴图参数及材质球如图 6-18 所示。

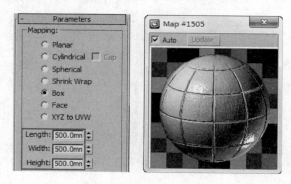

图 6-18　墙面模型的 UVW 贴图参数和材质球

3.　白色木纹材质

为配合卫生间整体的黑白简练的设计风格，本例中的木纹采用的是白漆木纹材质。

Steps **01** 按 M 键打开材质编辑器，将材质类型转换为 VRay mtl【VRay 基本材质】，并命名为"白漆木纹材质"。

Steps **02** 在 Diffuse【漫反射】的颜色通道设置出木纹表面漆质的白色效果。

Steps **03** 在 Reflect【反射】贴图通道指定 Falloff【衰减】程序贴图表现菲涅尔反射效果，Falloff Type【衰减方式】需调整为 Fresnel【菲涅尔反射】类型。

Steps **04** Hilight glossiness【高光光泽度】设为 0.8，Refl glossiness【反射光泽度】设为 0.89。

Steps **05** 在 Bump【凹凸】贴图通道内加载一张黑白木纹贴图，用来表现材质表面的木纹凹凸效果。

Steps **06** 在 Environment【环境】贴图内添加 Output【输出】贴图，修改 Output Amount【输出值】为 2，完成白色木纹材质的制作，具体的材质参数与材质球效果如图 6-19 所示。

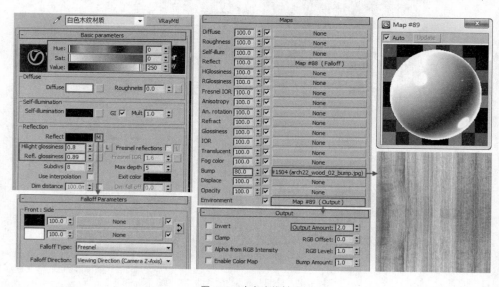

图 6-19　白色木纹材质

4. 白色陶瓷材质

对于陶瓷材质的表现，一是要正确表现出表面的釉质颜色，另外就是其反射上的菲涅尔效果。

`Steps 01` 按 M 键打开材质编辑器，将材质类型转换为 VRay mtl【VRay 基本材质】，并命名为"洗手盆白色陶瓷材质"。

`Steps 02` 调整 Diffuse【漫反射】的颜色通道设置出陶瓷表面白色效果。

`Steps 03` 在 Reflect【反射】贴图通道指定 Falloff【衰减】程序贴图，然后将 Falloff Type【衰减方式】调整为 Fresnel【菲涅尔反射】类型。

`Steps 04` Hilight glossiness【高光光泽度】设为 0.8，Refl glossiness【反射光泽度】设为 0.88，具体的材质参数与材质球效果如图 6-20 所示。

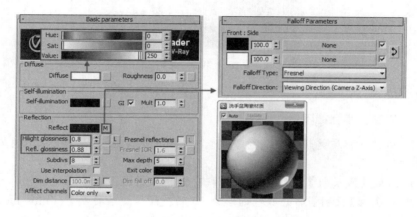

图 6-20　洗手盆白色陶瓷材质参数与材质球效果

5. 牛仔裤布料材质

对于衣物材质的表现，很多效果图的初学者都会觉得十分为难，事实上只要有了逼真的衣服模型，在材质的制作上是非常简单的，只需要一张合适的贴图即可，本例中的牛仔裤材质参数与材质球效果如图 6-21 所示。

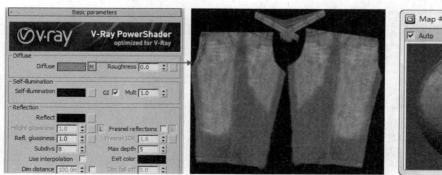
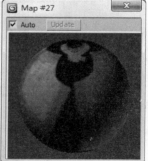

图 6-21　牛仔裤布料材质参数与材质球效果

6. 盆栽整体材质制作

盆栽整体材质可划分为四部分，如图 6-22 所示，对于这些材质，如果不是进行特写式的表现就不要刻板地去进行细节的调整，只要表现正确的颜色与纹理效果就可，这样可以节省出可观的材质调整时间与渲染时间。

图 6-22　盆栽材质划分

❑ 绿叶材质

绿叶材质的制作步骤如下：

Steps 01 按 M 键打开开材质编辑器，将材质类型转换为 VRay mtl【VRay 基本材质】，并命名为"绿叶材质"。

Steps 02 在 Diffuse【漫反射】的贴图通道加载对应的位图进行表现。

Steps 03 调整 Reflect【反射】后的颜色通道为 35 的灰度，然后再将 Ref glossiness【反射光泽】参数值设为 0.6。

Steps 04 在 Bump【凹凸】贴图通道加载一张特定的凹凸贴图表现叶面褶皱效果，其材质的具体参数与材质球效果如图 6-23 所示。

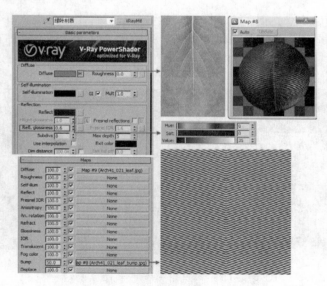

图 6-23　叶片材质的具体参数与材质球效果

❏ 茎材质

茎材质的表现相对更为简单，将材质类型转换为 VRay mtl【VRay 基本材质】后，进入 Maps【贴图】卷展栏内，在 Diffuse【漫反射】与 Bump【凹凸】贴图通道设置一张绿叶贴图表现出茎的颜色与脉络即可，其材质参数与材质球效果如图 6-24 所示。

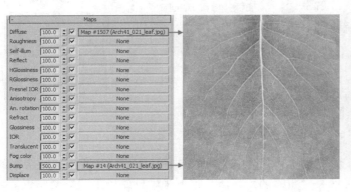

图 6-24　茎材质参数与材质球效果

❏ 白色石头材质

Steps 01 按 M 键打开材质编辑器，将材质类型转换为 VRay mtl【VRay 基本材质】，并命名为"白色石头材质"。

Steps 02 在 Diffuse【漫反射】的贴图通道加载对应的石头纹理进行表现。

Steps 03 调整 Reflect【反射】后的颜色通道为 35 的灰度，然后再将 Refl glossiness【反射光泽】参数值设为 0.5，制作出石头表面的模糊反射效果，其材质的具体参数与材质球效果如图 6-25 所示。

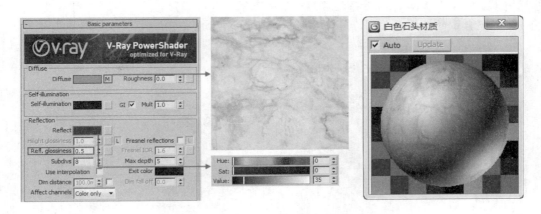

图 6-25　白色石头材质具体参数与材质球效果

❏ 黑色陶瓷材质

Steps 01 按 M 键打开材质编辑器，将材质类型转换为 VRay mtl【VRay 基本材质】，并命名为"黑色陶瓷材质"。

Steps 02 将 Diffuse【漫反射】的颜色通道调整为 10 的灰度。

Steps 03 调整 Reflect【反射】后的颜色通道为 40 的灰度，再将 Hilight glossiness【高光光泽度】设为 0.8，Refl glossiness【反射光泽】参数值设为 0.9，其材质的具体参数与材质球效果如图 6-26 所示。

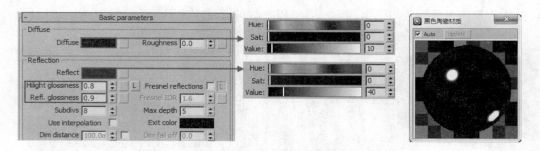

图 6-26　黑色陶瓷材质的具体参数与材质球效果

本场景的材质讲解到这里就结束了，实例中主要是对各种陶瓷材质做了比较全面的介绍，有利于大家在学习中总结这类材质的调整方法，接下来就开始场景的灯光布置。

6.4　设置场景灯光

6.4.1　设置测试渲染参数

Steps 01 在灯光布置之前，首先设置较低的测试渲染参数以提高该过程的效率，按 F10 键打开渲染面板，进入 Renderer【渲染器】选项卡，首先对 V-Ray:: Frame buffer （VRay 帧缓存）卷展栏进行调整，具体参数设置如图 6-27 所示。

Steps 02 在开启了 VRay 帧缓存之后，为了避免资源的浪费应该在 Common 公用参数面板中将 3ds max 自带的帧缓存关闭，具体参数设置如图 6-28 所示。

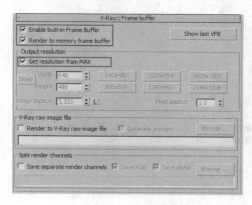

图 6-27　开启 VRay 帧缓存

图 6-28　取消 3ds max 默认帧缓存

Steps 03 整体调整渲染品质，以便更快捷地查看测试渲染效果，各卷展栏具体参数设置如图 6-29 所示。

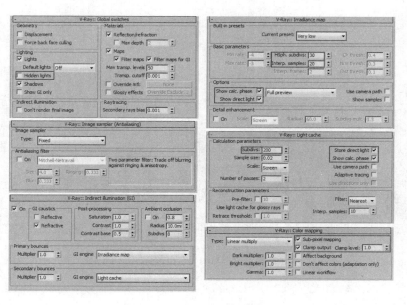

图 6-29　设置测试渲染参数

其他未标示的参数保持默认设置即可，接下来便开始场景日光的制作。

6.4.2　布置场景日光

区别于前一章中利用 VRaysun【VRay 阳光】进行室外日光的制作，本场景使用了 Targat Spot【目标聚光灯】制作场景日光，锥形的灯光将光线控制一定范围内，因此该类型的灯光制作不同时段的日光效果时，需参考现实中各个时段太阳与地面的相对角度调整好灯光的位置，再通过灯光颜色与强度参数模拟出日光的颜色与亮度即可。

Steps 01 在 ⚙ 灯光创建面板中，选择 Standard（标准）类型，单击 Target Spot 按钮，在视图中创建一盏 Target Spot（目标聚光灯），如图 6-30 所示。

Steps 02 按 F 键切换至场景的 Front【前视图】参考现实中约上午 9 点太阳与地平面的位置，调整好 Target Spot【目标聚光灯】的高度，具体位置如图 6-31 所示。

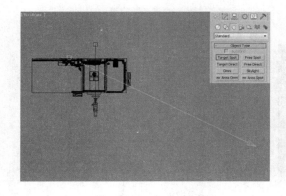

图 6-30　在顶视图中创建一盏 Target Spot

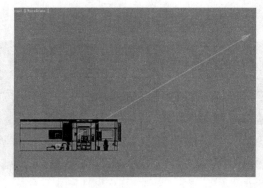

图 6-31　Target Spot 在前视图中的位置

Steps 03 确定好灯光的位置与高度后，接下来就进入参数面板，修改灯光的参数如图 6-32 所示。

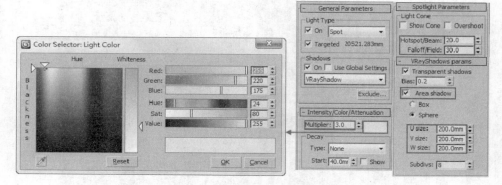

图 6-32　Tergat Spot 灯光参数

Steps 04 调整完以上的灯光参数后，进入摄像机视图对场景进行灯光测试渲染，得到的渲染结果如图 6-33 所示。

接下来就在场景的三个采光口利用 Plane【平面】类型的 VRayLight【VRay 灯光】布置场景的天光。

6.4.3　布置场景天光

在上一章中笔者利用 VRaySun【VRay 阳光】进行日光的制作时，由于配合利用了 VRaysky【VRay 天光】环境贴图进行天光的模拟，所以并不需要再利用任何形式的灯光制作天光效果，所谓的天光其实就是包括大气层在内的环境对日光的重复反弹形成的光线，这些光线能多次对物体产生照明作用，场景因此获得较明亮的照明效果，观察上面渲染的效果，场景整体还是很暗的，因此有必要用灯光模拟出天光效果解决场景亮度方面的问题。

Steps 01 将场景切换到 Font【前视图】，单击灯光面板中的 VRayLight 按钮，参考窗洞的大小，创建出一盏灯光，其具体位置如图 6-34 所示。

图 6-33　渲染效果

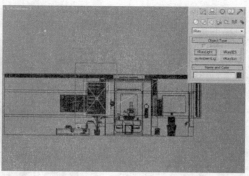

图 6-34　创建一盏 VRay 灯光

Steps 02 以复制的方法复制出另一盏 VRayLight 灯光，如图 6-35 所示。

Steps 03 在 Top【顶视图】中，按住 Shift 键的同时拖动窗口处的灯光复制出其他窗口处的天光，如图 6-36 所示。

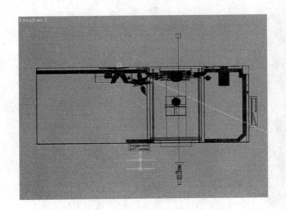

图 6-35　复制出另一盏灯光

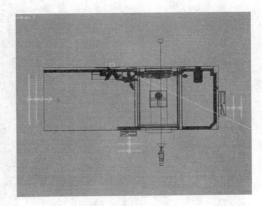

图 6-36　复制灯光

Steps 04 灯光位置调整完毕后，选择其中的两盏不同灯光，进入修改命令面板，调整其参数如图 6-37 所示。

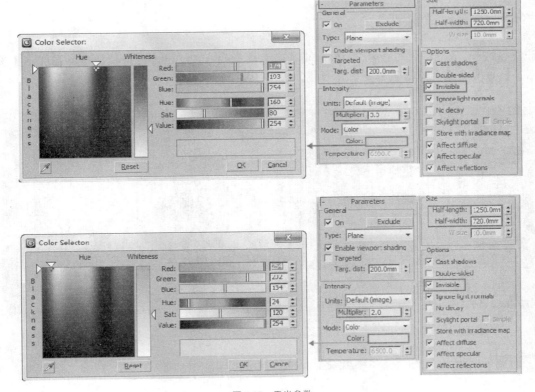

图 6-37　天光参数

调整完灯光参数后进入摄像机视图，对场景进行灯光测试渲染，得到的渲染结果如图 6-38 所示。

图 6-38　渲染结果

可以看到天光的布置使得场景的整体亮度得到了相当理想的改善，同时也使画面产生了真实自然的明暗过渡，接下来就布置场景的室内灯光。

6.4.4　布置镜前暗藏灯光

Steps 01 镜前暗藏灯光同样利用 Plane【平面】类型的 VRaylight 进行模拟，其在 Top【顶视图】与 Left【左视图】中的具体位置如图 6-39 所示。

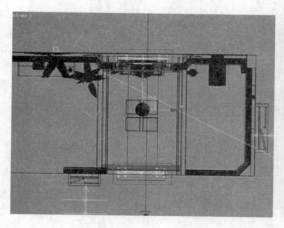 

图 6-39　镜前灯光位置

Steps 02 镜前暗藏灯光的具体参数设置如图 6-40 所示。

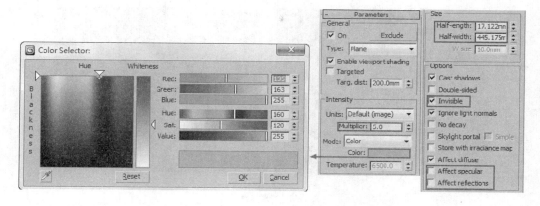

图 6-40　灯光参数

Steps 03 调整完成镜前暗藏灯光的参数后，进入摄像机视图进行灯光测试渲染，得到的渲染结果如图 6-41 所示。

图 6-41　渲染结果

镜前灯布置完成后，接下来布置场景中射灯灯光。

6.4.5　布置射灯

现实中的射灯灯光有两个明显特征：一是灯光的方向感很强，二是光线的分布形状多变，利用 3ds max 光度学灯光类型中的 Traget point【目标点光源】可以很容易的完成射灯灯光方向的控制，但对于其灯光分布形状的控制则需要借助于光域网文件了。

Steps 01 在灯光创建面板中，选择 Photometric（光度学）类型，单击 Target Light 按钮，在视图中创建一个 Target Light(目标灯光)，然后复制得到其他位置的灯光，如图 6-42 所示。

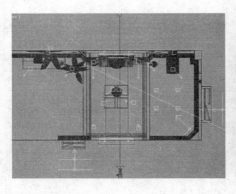

图 6-42　创建目标灯光

Steps 02 选择一个 Target Light（目标灯光），对它的参数进行调整，如图 6-43 所示。

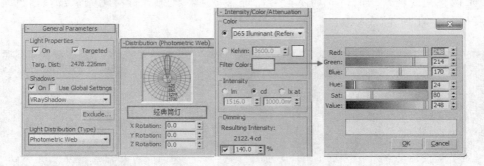

图 6-43　设置灯光参数

Steps 03 完成以上的参数调整后，进入摄像机视图，进行灯光测试渲染，得到的渲染结果如图 6-44 所示。

图 6-44　渲染结果

　　至此场景内真实存在的光源都已经布置完成，考虑到场景右侧入射日光的窗口区域的亮度会高于其他区域，接下来就在该位置利用 Plane【平面】类型的 VRaylight 布置一盏补光突出该区域的亮度。

6.4.6 设置补光

Steps 01 补光在场景 Top【顶视图】与 Left【左视图】中具体位置如图 6-45 所示。

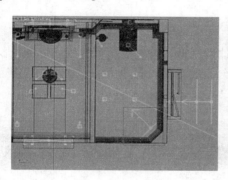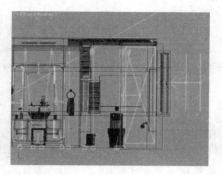

图 6-45　补光位置

Steps 02 补光的参数设置如图 6-46 所示，由于其是模拟日光及天光对场景的影响，所以灯光的颜色是接近天光颜色的淡蓝色。

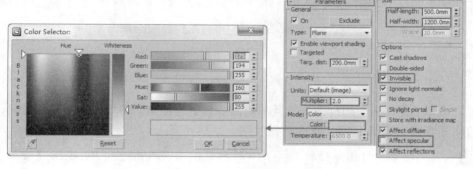

图 6-46　补光参数

Steps 03 调整完成补光的参数后，进入摄像机视图，进行灯光测试渲染，得到的渲染效果如图 6-47 所示。

图 6-47　渲染结果

6.5 材质细调与光子图渲染

6.5.1 材质细调

本章场景中由于材质的色彩设计的风格比较纯净，没有过彩色的材质因此对材质溢色的控制不需要了，所以可以直接进行材质细分值的调整，将场景中地面黑白马赛克材质，墙面瓷砖材质以及白色木纹的材质均提高至 24，如图 6-48 所示。

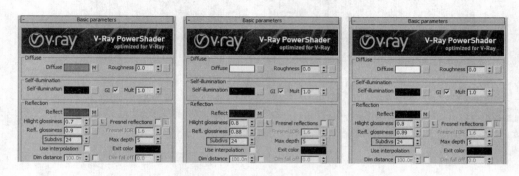

图 6-48　调整材质细分值

6.5.2 渲染光子图

在渲染光子图之前，同样先对场景的灯光细分进行提高，将场景中充当日光与天光的光源的细分值统一提高至 24，其他灯光的细分则提高至 16。

Steps 01 修改完场景的灯光细分后，按 F10 键打开渲染面板，进入 Renderer【渲染器】选项卡，调整 Irradiance map【发光贴图】与 Light cache【灯光贴图】的参数如图 6-49 所示。

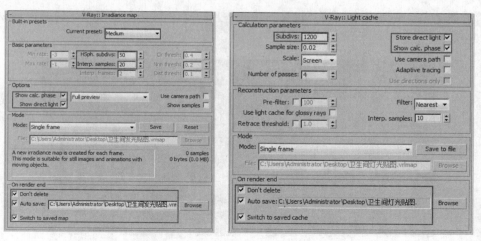

图 6-49　调整 Irradiance map【发光贴图】与 Light cache【灯光贴图】的参数

Steps 02 调整 DMC sampler【准蒙特卡罗采样】的参数如图 6-50 所示。

Steps 03 调整完以上所有参数后，按 C 键返回摄像机视图，取消 VRayFur【VRay 毛发】物体的隐藏，单击 ⊙ 按钮对场景进行光子图渲染。

Steps 04 光子图渲染完成后，再次打开渲染参数面板，查看 Irradiance map【发光贴图】与 Light cache【灯光贴图】参数，可以发现光子图已经被保存并被系统自动调用，如图 6-51 所示。

图 6-50　调整 DMC sampler【准蒙特卡罗采样】的参数

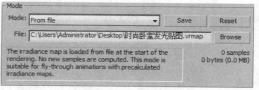

图 6-51　自动调用光子图

6.6 最终渲染

光子图渲染完成后，接下来就通过设置最终渲染参数解决渲染画面上的锯齿状边缘，光斑等现象，同时开启材质的模糊反射等效果得到场景的最终成品图。

Steps 01 打开 Global switche【全局开关】卷展栏，开启材质模糊效果与置换效果，如图 6-52 所示。

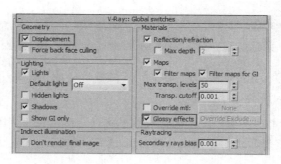

图 6-52　调整 Global switche 卷展栏参数

Steps 02 打开 Image sampler【Antialiasing】【图像采样】卷展栏，选择 Adaptive QMC【自适应蒙特卡罗】采样器与 Mitchell-Netravali 抗锯齿过滤器，如图 6-53 所示。

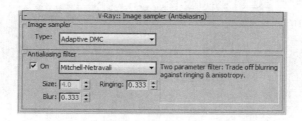

图 6-53　Image sampler【Antialiasing】卷展栏

Steps 03 调整好最终成品图的渲染尺寸，如图 6-54 所示。

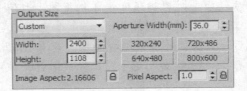

图 6-54　最终成品图的渲染尺寸

Steps 04 调整好以上参数后，返回摄像机视图进行最终渲染，最终渲染结果如图 6-55 所示。

图 6-55　最终渲染结果

6.7　制作颜色通道场景

在前一章中使用了 VRayWirecolor 渲染元素快捷地完成了色彩通道的渲染，下面来介绍一种应用更为广泛的颜色通道渲染方法。

Steps 01 打开配套光盘中本章中的卫生间完成副本文件，然后按下 F10 键，打开渲染参数面板，将当前渲染器指定为 Default Scanline renderer【默认扫描线渲染器】，如图 6-56 所示。

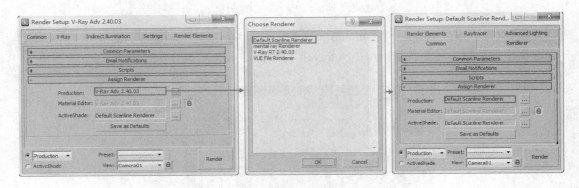

图 6-56　指定默认扫描线渲染器

Steps 02 由于在之前启用 VRay 帧缓存器时为了节省系统资源，已经关闭了 3ds max 自带的渲染窗口，此时应该重新对其进行启用，调整相应参数如图 6-57 所示。

Steps 03 将选择过滤模式切换到 Light【灯光】，按 Ctrl+A 组合键全选场景中所有的灯光，然后按 Delete 键进行删除，如图 6-58 所示。

图 6-57　启用 3ds max 自带的渲染窗口　　　　　图 6-58　删除场景灯光

Steps 04 制作色彩通道渲染材质，按 M 键打开材质编辑器，选择任一个标准材质球调整其 Diffuse【漫反射】颜色通道的 RGB 为 255、0、0 的纯红色，并将自发光强度设为 100，具体材质参数设置如图 6-59 所示。

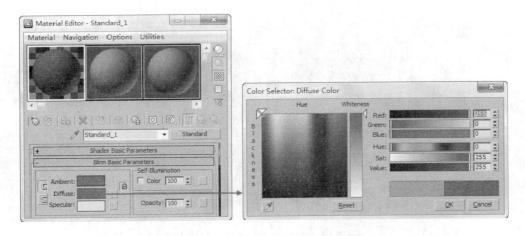

图 6-59　创建色彩通道渲染材质

Steps 05 创建另外常用于渲染色彩通道 6 种材质，其 RGB 值分别如图 6-60 所示。

Steps 06 将所创建的自发光材质赋予给场景中的模型物体，材质赋予的唯一原则就是相邻的材质不能指定同一种颜色，如图 6-61 所示。

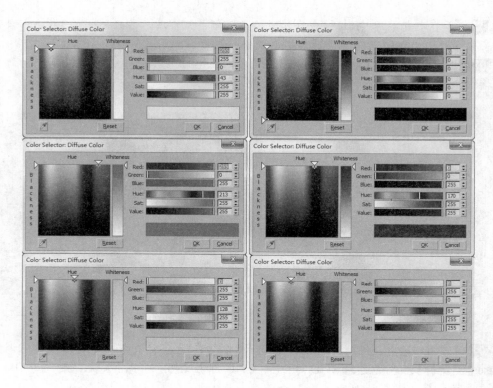

图 6-60　其他常用于渲染通道的 RGB 颜色值

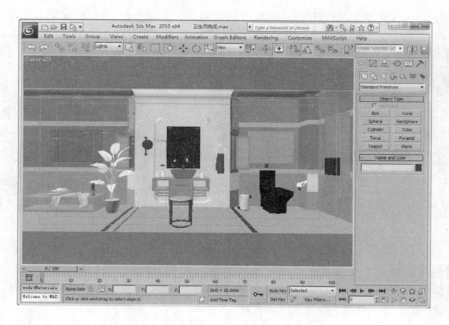

图 6-61　指定自发光材质

Steps **07** 如上的所有步骤完成后返回摄像机视图对场景进行渲染，得到色彩通道图渲染效果如图 6-62 所示。

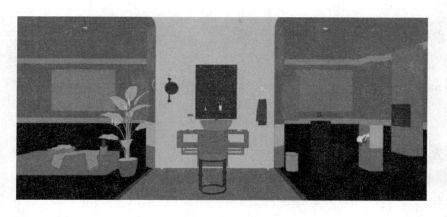

图 6-62　色彩通道图渲染结果

6.8　后期处理

Steps 01 打开 PhotoshopCS 软件，分别打开渲染成品图、色彩通道图，然后选择色彩通道图，按 V 键启用移动工具将其复制至渲染成品图图像文件中，得到一个新的图层，并另存为 PSD 格式文档，如图 6-63 所示。

 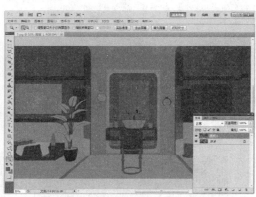

图 6-63　合并渲染成品图与色彩通道图至同一图像文件

Steps 02 选择"背景"图层，按 Ctrl+J 键将其复制一份，并关闭"色彩通道"所在的图层 1，如图 6-64 所示。

Steps 03 执行"图像"→"调整"→"亮度/对比度"，在弹出来的对话框中设置对比度的值为 40，如图 6-65 所示。

Steps 04 选择"背景副本"图层，按 Ctrl+B 键打开"色彩平衡"对话框调整它的色彩，如图 6-66 所示。

Steps 05 在"图层 1"图层中用"魔棒"工具选择墙面瓷砖区域，再回"背景副本"图层中，按 Ctrl+J 键复制到新的图层，按 Ctrl+U 键打开"色相/饱和度"对话框，降低它的饱和度，如图 6-67 所示。

图 6-64　复制图层

图 6-65　调整亮度/对比度

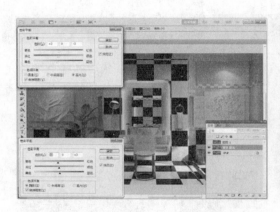

图 6-66　调整色彩平衡

图 6-67　调整色相/饱和度

到这里本场景的制作就结束了，最终效果图如图 6-68 所示。

图 6-68　最终效果

第 7 章
简约客厅

本章重点：

- 材质与模型特点的关系
- 水泥地面材质与亚光木地板材质的制作
- 有色金属材质与有色玻璃材质的制作
- 多维材质的使用
- VRaysun 与 VRaySky 制作黄昏光效
- Omini【泛光灯】的使用
- 摄像机对亮度的调整以及运动模糊效果的制作
- AO 图层的运用

7.1 解读场景及布光思路

7.1.1 解读场景

空间装饰风格的选择往往要结合场景构造上的特点，本章的场景是一个简约自由的客厅场景，在空间的构造上既能看到粗犷的钢结构，也可以看到极富艺术感的雕塑，因此在场景材质的制作上就要延续结构上表现出来的风格，笔者选用了肌理感特别强的水泥地面材质，白色砖纹材质表现场景粗犷，亲近自然的一面，同时在场景布置了梵高的向日葵系列油画增加场景艺术的气息，如图 7-1 所示。

图 7-1　案例最终效果

7.1.2 布光思路

打开本书配套光盘中的模型场景，可以发现场景室外采光十分理想，右侧的墙体上有两个面积很大的窗洞，如图 7-2 所示。

图 7-2　场景室外光线采光口

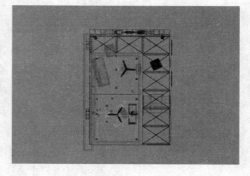

图 7-3　场景室内主要光源

而在场景的室内光源的布置上，由于场景是一个风格自由的客厅场景，灯光的种类设置比较多，但主光源只有两个光源：天花板上的射灯和线光源，如图 7-3 所示，此外室内还有电视墙筒灯灯光与一盏落地灯灯光。

在室外光源的制作上采用了 Target Spot【目标聚光灯】与 VRayLight【VRay 灯光】的组合来模拟室外日光与天光，如图 7-4 所示。

而室内光源的分布如图 7-5 所示，使用了 Plane【平面】类型的 VRaylight【VRay 灯光】模拟室内线光源，对于射灯与筒光灯的模拟使用的则是 Target point【目标点光源】，此外落地灯灯光的制作则使用了 Sphere【球灯】。

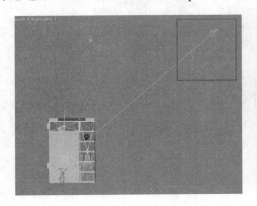

图 7-4　室外灯光布置

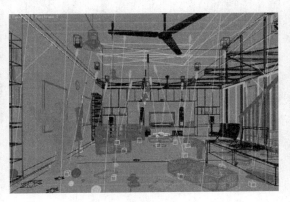

图 7-5　室内灯光布置

7.2　画面构图

7.2.1　布置摄像机

Steps 01 打开配套光盘中的简约客厅白模文件，将场景切换到 Top【顶视图】，在创建面板中选择 Standard【标准】，并单击 Target【目标】按钮，创建标准摄像机如图 7-6 所示。

Steps 02 切入 Left【左视图】，调整摄像机的高度与其目标点的高度如图 7-7 所示，具体坐标为 "-9031，-10168，-2272"，其目标点的具体坐标为 "-8592，128，-1402"。

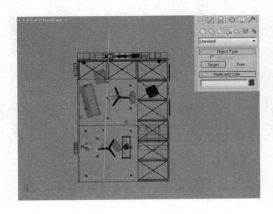

图 7-6　创建摄像机

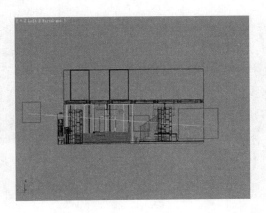

图 7-7　调整 VRay 摄像机的高度与角度

Steps 03 调整好摄像机的位置后，保持其默认参数按 C 键切入相机视图，视图显示如图
7-8 所示。

Steps 04 可以发现默认参数上的相机视图的视野十分窄，选择摄像机将其 Lens【镜头】参
数调至 21.462，得到如图 7-9 所示较为理想的相机视图。

图 7-8　未经调整的相机视图

图 7-9　修改镜头后的相机视图

7.2.2　设置渲染尺寸

确定了摄像机的位置与角度之后，接下来就调整渲染图像的长宽比例以确定最终的画
面构图，由于当前摄像机对场景模型采用的是一点透视，因此画面长宽比例最好不要有太
多的改变，仅对画面边缘的位置进行些许修改即可，如图 7-10 所示，该数值只用于测试渲
染与光子图渲染。

按 Shift + F 组合键打开渲染安全框，场景相机视图显示如图 7-11 所示。

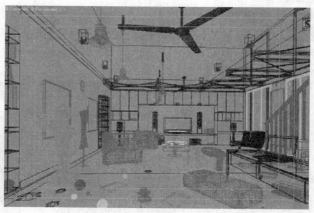

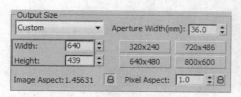

图 7-10　渲染尺寸

图 7-11　场景相机视图

确定好场景的构图之后，便可以开始进行场景材质的制作了。

7.3 场景材质初步调整

本场景材质的制作次序如图 7-12 所示。

1. 客厅水泥地面材质

本场景中部分地面使用的是水泥地面材质，该种材质有独特的纹理，因此对漫反射贴图的选择是一个比较重要的地方，此外经过打磨的水泥地面是有轻微的反射效果的，这个细节也不能忽略。

图 7-12 场景材质编号

Steps 01 按 M 键打开材质编辑器，将材质类型转换为 VRay mtl【VRay 基本材质】，并命名为"客厅水泥地面材质"。

Steps 02 在 Diffuse【漫反射】贴图通道加载一张纹理清晰的水泥地面贴图，并将其 Blur【模糊】参数设为 0.01 增强纹理的清晰度。

Steps 03 在 Reflect【反射】贴图通道指定一个 Falloff【衰减】程序贴图，进入子层级将 Falloff Type【衰减方式】设为 Fresnel【菲涅尔反射】类型。

Steps 04 将 Hilight glossiness【高光光泽度】参数设为 0.65，Refl glossiness【反射光泽度】设为 0.7。

Steps 05 在 Maps【贴图】卷展栏内将 Diffuse【漫反射】内的水泥地面贴图拖曳至 Bump【凹凸】贴图通道，并将其数值调整为 20，制作出材质表面的细微的凹凸效果，具体材质参数设置如图 7-13 所示。

Steps 06 水泥地面的反射高光不会是规则的圆形，因此还需要调整其 BRDF 参数对高光的形态进行调整，具体参数的设置如图 7-14 所示。

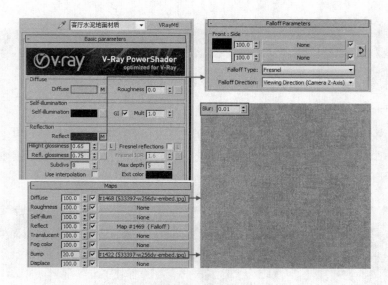

图 7-13　水泥地面材质参数

Steps **07** 水泥地面模型的 UVW 贴图参数如图 7-15 所示。

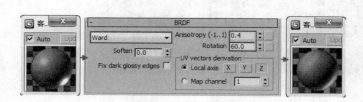

图 7-14　调整水泥地面高光形态　　　　　　图 7-15　水泥地面模型的 UVW 贴图参数

2.　客厅亚光木地板材质

场景中靠近摄像机一端的地面使用的是亚光木地板材质以区分客厅不同的功能区域，亚光木地板材质表面纹理较为清晰，反射能力不是太强，此外纹理的凹凸效果也不宜有较明显的表现。

Steps **01** 按 M 键打开材质编辑器，将材质类型转换为 VRay mtl【VRay 基本材质】，并命名为"客厅亚光木地板材质"。

Steps **02** 在 Diffuse【漫反射】贴图通道加载一张木纹贴图，并将其 Blur【模糊】参数设为 0.01 使木纹纹理显示得更为清晰。

Steps **03** 在 Reflect【反射】贴图通道需要指定 Falloff【衰减】程序贴图，进入 Falloff【衰减贴图】子层级，将 Falloff Type【衰减方式】设为 Fresnel【菲涅尔反射】类型。

Steps **04** 将 Hilight glossiness【高光光泽度】参数设为 0.8，Refl glossiness【反射光泽度】设为 0.88。

Steps 05 在 Maps【贴图】卷展栏内将 Diffuse【漫反射】内的木纹贴图拖曳至 Bump【凹凸】贴图通道，数值调整为 12，制作出表面轻微的凹凸效果，其具体材质参数设置如图 7-16 所示。

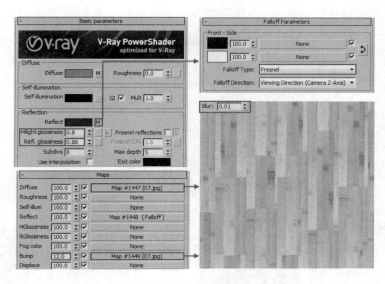

图 7-16　客厅亚光木地反材质参数设置

Steps 06 客厅亚光木地板的 UVW 贴图参数设置和材质球效果如图 7-17 所示。

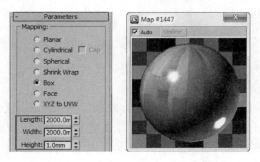

图 7-17　木地板的 UVW 贴图和材质球效果

3. 墙面白色砖纹材质

场景中的墙面采用的具有轻微风化斑驳效果的白色砖纹理材质，其与之前的水泥地面体现了本场景设计风格上粗犷的一面。

Steps 01 按 M 键打开材质编辑器，将材质类型转换为 VRay mtl【VRay 基本材质】，并命名为"墙面白色砖纹材质"。

Steps 02 在 Diffuse【漫反射】贴图通道加载一张白色砖纹贴图，并将 Blur【模糊】参数设为 0.01。

Steps 03 设置 Reflect【反射】的颜色通道为 20 的灰度，然后进入 Options【选项】卷展栏，取消 Trace reflect【反射追踪】参数的勾选，再将 Hilight glossiness【高光光泽度】参数设为 0.35。

Steps 04 在 Maps【贴图】卷展栏内将 Diffuse【漫反射】内的白色砖纹贴图拖曳复制至 Bump【凹凸】贴图通道，加载黑白位图制作凹凸效果，数值调整为-30，制作出表面轻微的凹凸效果与砖缝效果，其具体材质参数设置如图 7-18 所示。

Steps 05 材质对应的墙体模型的 UVW 贴图参数和材质球效果如图 7-19 所示。

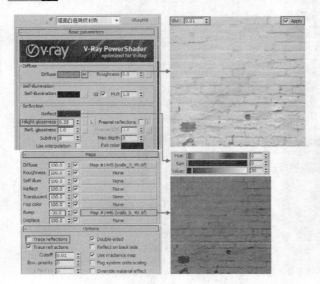

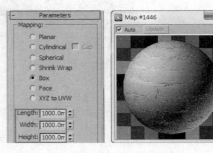

图 7-18　白色砖纹材质参数设置与材质球效果　　　　图 7-19　墙体 UVW 贴图和材质球参数

4. 红色柜面金属材质

本例电视柜上方采用的是红色的金属质感材质，以突出场景别致的一面。

Steps 01 按 M 键打开材质编辑器，将材质类型转换为 VRay mtl【VRay 基本材质】，并命名为"红色柜面金属材质"。

Steps 02 在 Diffuse【漫反射】颜色通道设置为红色。将 Reflect【反射】颜色通道设置 40 的灰度，并设置 Hilight glossiness【高光光泽度】参数为 0.65，Refl glossiness【反射光泽度】为 0.9，材质的具体参数设置及材质球效果如图 7-20 所示。

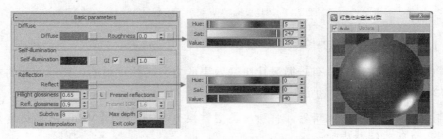

图 7-20　红色柜面材质的具体参数及材质球效果

5. 柜面磨砂金属与镜面金属材质

在镜面金属与磨砂金属材质在参数的设置上最大的区别在于 Refl glossiness【反射光泽度】的调整，两者的具体材质参数与材质球效果如图 7-21 所示。

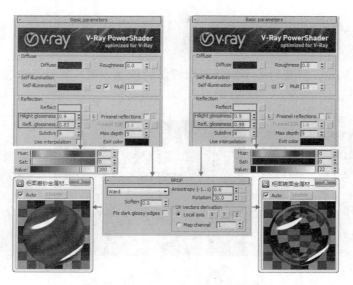

图 7-21 柜面磨砂金属与镜面金属材质参数及材质球效果

6. 沙发皮纹材质

皮纹材质具有特有的皮革纹理，表面油亮但由于纹理的凹凸不平造成其反射效果并不明显。

<u>Steps</u> **01** 按 M 键打开材质编辑器，将材质类型转换为 VRay mtl【VRay 基本材质】，并命名为"沙发皮纹材质"。

<u>Steps</u> **02** 设置 Diffuse【漫反射】颜色通道为皮纹材质表面的黑色。

<u>Steps</u> **03** 由于皮纹材质的反射能力并不强设置 Reflect【反射】颜色通道为 20 的灰度即可，并将 Hilight glossiness【高光光泽度】参数调整为 0.54，Refl glossiness【反射光泽度】调整为 0.7。

<u>Steps</u> **04** 在 Bump【凹凸贴图】通道内加载一张皮纹贴图，模拟皮面的凹凸纹理，具体材质参数设置及材质球效果如图 7-22 所示。

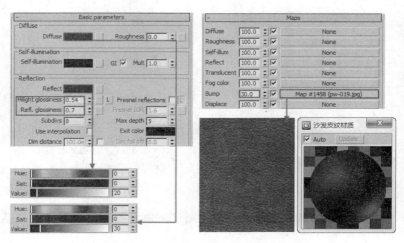

图 7-22 沙发皮纹材质参数及材质球效果

7. 电视屏材质

开启的电视屏除了有电视画面外，还会对场景产生一定的照明作用，使用 VRayLightMtl【VRay 灯光材质】制作出电视屏的画面效果，其材质参数设置与材质球效果如图 7-23 所示。

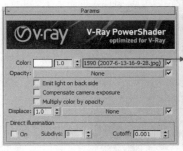

图 7-23　电视屏材质

本场景的材质讲解到这里就结束了，在学习完本章材质调节的内容后读者应该掌握亚光木地板材质与水泥地面材制质的特点与调整方法，接下为便开始场景灯光的布置。

7.4　设置场景灯光

7.4.1　设置测试渲染参数

Steps 01 在灯光布置之前，首先设置较低的测试渲染参数以提高该过程的效率，按 F10 键打开渲染面板，进入 Renderer【渲染器】选项卡，首先对 V-Ray:: Frame buffer （VRay 帧缓存）卷展栏进行调整，具体参数设置如图 7-24 所示。

Steps 02 在开启了 VRay 帧缓存之后，为了避免资源的浪费应该在 Common 公用参数面板中将 3ds max 自带的帧缓存关闭，具体参数设置如图 7-25 所示。

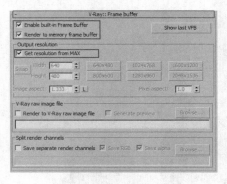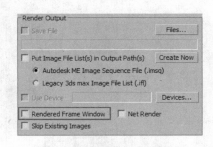

图 7-24　开启 VRay 帧缓存　　　　　　图 7-25　取消 3ds max 默认帧缓存

Steps 03 整体调整渲染品质以便更快捷地查看测试渲染效果，各卷展栏具体参数设置如图 7-26 所示。

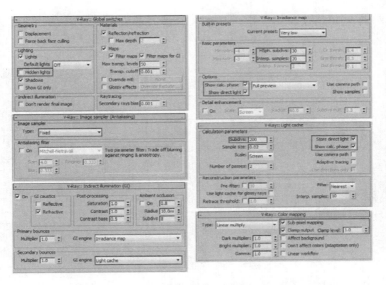

图 7-26　设置测试渲染参数

其他未标示的参数保持默认设置即可，接下来便开始场景室外日光的制作。

7.4.2　布置场景日光

本场景使用 Targat Spot【目标聚光灯】来制作场景日光，锥形的灯光将光线控制在一定范围内，因此该类型的灯光制作不同时段的日光效果时，需参考现实中各个时段太阳与地面的相对角度调整好灯光的位置，再通过灯光颜色与强度参数的模拟出日光的颜色与亮度即可。

Steps 01 在 灯光创建面板中，选择 Standard（标准）类型，单击 `Target Spot` 按钮，在视图中创建一盏 Target Spot（目标聚光灯），如图 7-27 所示。

Steps 02 按 F 键切换至场景的 Front【前视图】参考现实中约上午 9 点太阳与地平面的位置，调整好 Targat Spot【目标聚光灯】的高度，具体位置如图 7-28 所示。

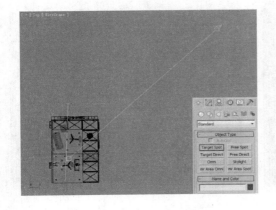

图 7-27　在顶视图中创建一盏 Target Spot

图 7-28　Target Spot 在前视图中的位置

Steps 03 确定好灯光的位置与高度后，接下来就进入参数面板，修改灯光的参数如图 7-29 所示。

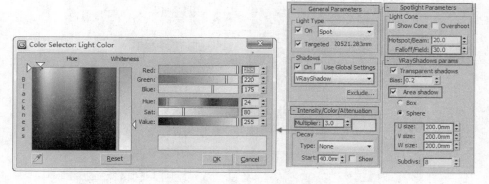

图 7-29　Target Spot 灯光参数

Steps 04 调整完以上的灯光参数后，进入摄像机视图对场景进行灯光测试渲染，得到的渲染结果如图 7-30 所示。

　　接下来就在场景的采光口利用 Plane【平面】类型的 VRayLight【VRay 灯光】布置场景的天光。

7.4.3　布置场景天光

　　所谓的天光其实就是包括大气层在内的环境对日光的重复反弹形成的光线，这些光线能多次对物体产生照明作用，场景因此获得较明亮的照明效果，观察上面渲染的效果，场景整体光线单一，光照不均匀，因此有必要用灯光模拟出天光效果解决场景问题。

Steps 01 将场景切换到 Top【顶视图】，单击灯光面板中的 VRayLight 按钮，参考窗洞的大小，创建出一盏灯光，其具体位置如图 7-31 所示。

Steps 02 复制出另一盏 VRayLight 灯光，如图 7-32 所示。

图 7-30　渲染效果

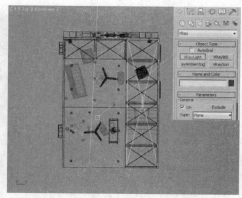

图 7-31　创建一盏 VRay 灯光

Steps 03 在 Top【顶视图】中，按住 Shift 键的同时拖动窗口处的灯光复制出其它窗口处的天光，如图 7-33 所示。

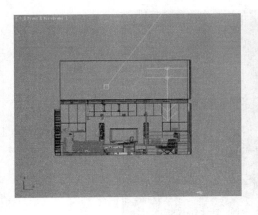

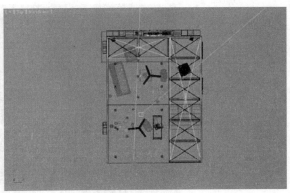

图 7-32 复制出另一盏灯光　　　　　　　　图 7-33 复制灯光

Steps 04 灯光位置调整完毕后，选择其中的两盏不同灯光，进入修改命令面板，调整其参数如图 7-34 所示。

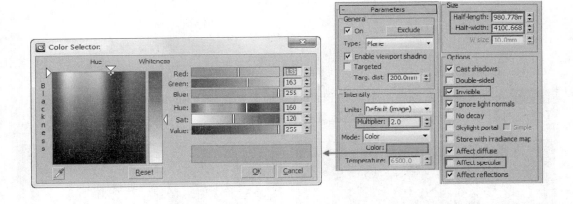

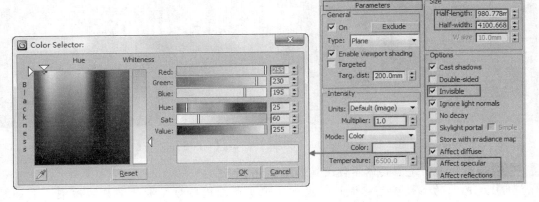

图 7-34 天光参数

Steps 05 调整完灯光参数后进入摄像机视图，对场景进行灯光测试渲染，得到的渲染结果如图 5-41 所示。

图 5-41　渲染结果

可以看到天光的布置使得场景的整体亮度得到了相当理想的改善，同时也使画面产生了真实自然的明暗过度，接下来就布置场景的室内灯光。

7.4.4　布置室内灯光

1. 布置线光源

Steps 01 场景天花板左侧的面光源由 Plane【平面】类型的 VRaylight 模拟，灯光的在 Top【顶视图】与 Front【前视图】中的位置如图 7-35 所示。

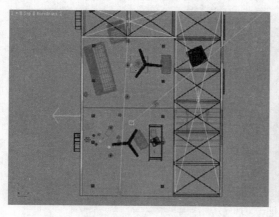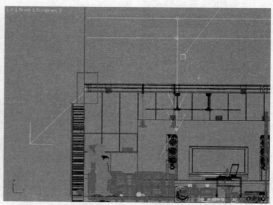

图 7-35　面光源在 Top【顶视图】与 Front【前视图】中的位置

Steps 02 暗藏灯带面光源具体参数设置如图 7-36 所示。

Steps 03 线光源的参数调整完成后，返回摄像机视图进行灯光测试渲染，渲染结果如图 7-37 所示。

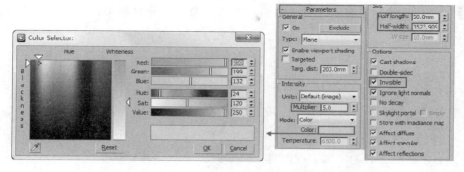

图 7-36   线光源参数

完成面光源的布置后，接下来就开始布置室内的射灯与筒灯效果。

2.   布置射灯与筒灯

场景中所有的射灯与筒灯均由 Traget point【目标点光源】模拟，在灯光光域网的选择与灯光色彩上也是保持一致的，因此为了便于区分这一系列的灯光，笔者根据灯光位置与参数的异同将所有的射灯与筒灯灯光编组如图 7-38 所示。

图 7-37   渲染结果

图 7-38   灯光编组

Steps 01 灯光在 Top【顶视图】与 Front【前视图】中的位置如图 7-39 所示。

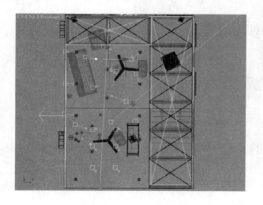
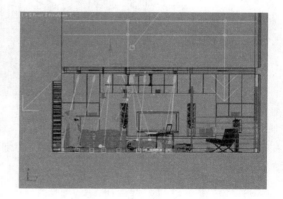

图 7-39   灯光的位置分布

Steps 02 灯光使用的均是配套光盘中名为"经典筒灯"的光域网文件，具体参数设置如图7-40 所示。

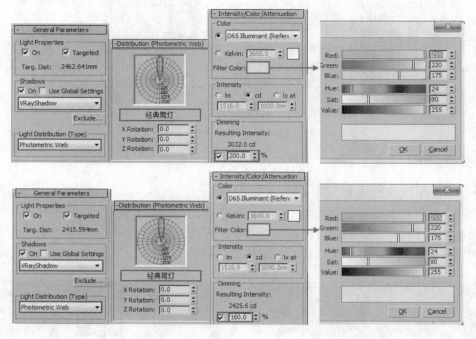

图 7-40　灯光光域网参数

Steps 03 所有的射灯与筒灯参数调整完成后，切入摄像机视图对灯光进行测试渲染，渲染结果如图 7-41 所示。

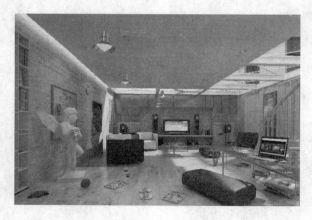

图 7-41　渲染结果

观察渲染结果可以发现，画面在暖色的射灯灯光的烘托下显得十分温暖平静，接下来就完成场景中落地灯灯光布置。

3．布置落地灯灯光

落地灯灯光的布置对场景整体亮度与色彩不会有大的影响，它的加入更多地是对画面进行点缀效果。落地灯灯光的布置也是有讲究的，一要体现灯光对周围物体的照明影响，二要体现灯具表面自然的灯光衰减效果，本场景的落地灯灯光由 Sphere【球灯】完成。

Steps 01 将场景切换到 Top【顶视图】，在落地灯的中心位置创建一盏灯光，如图 7-42 所示。

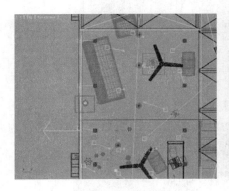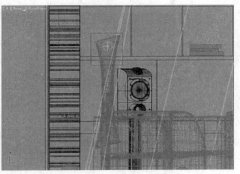

图 7-42　创建 VRay 球灯

Steps 02 选择创建的 VRay 球灯，在修改命令面板对它的参数进行调整，如图 7-43 所示。

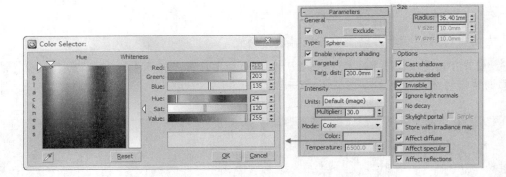

图 7-43　VRay 球灯参数

Steps 03 选择创建好的 VRay 球灯，以关联的方式进行复制，位置如图 7-44 所示。

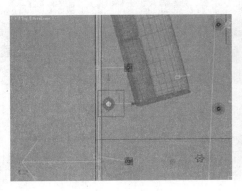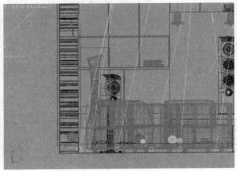

图 7-44　复制 VRay 球灯

Steps 04 灯光的位置调整完成后，切入摄像机视图对场景进行灯光测试渲染，渲染结果如图 7-45 所示。

图 7-45 渲染结果

4. 布置补光

为场景特殊照明地方增添局部光源进行补光。

Steps 01 在 Top【顶视图】中创建两盏 Traget point【目标点光源】，然后进入 Front【前视图】调整好灯光的位置，如图 7-46 所示。

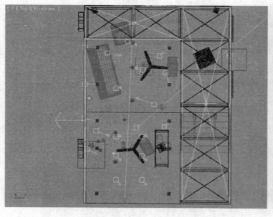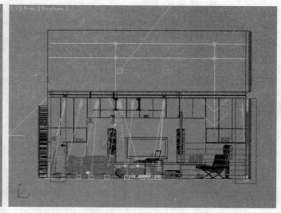

图 7-46 补光的具体位置

Steps 02 调整好补光的位置后，然后将目标点光源的具体参数调整如图 7-47 所示。

Steps 03 在 Top【顶视图】中创建 Traget point【目标点光源】，并进入 Front【前视图】调整好灯光的位置，如图 7-46 所示。

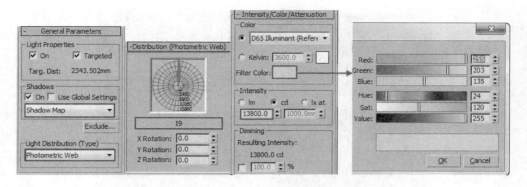

图 7-47　补光参数

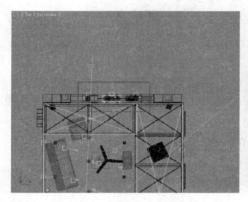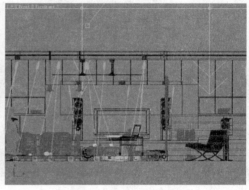

图 7-48　补光的具体位置

Steps 04 将目标点光源的参数调整如图 7-49 所示。

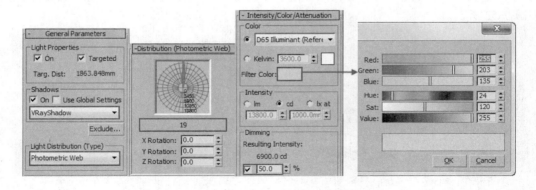

图 7-49　灯光参数

Steps 05 灯光的位置调整完成后，切入摄像机视图对场景进行灯光测试渲染，渲染结果如图 7-50 所示。

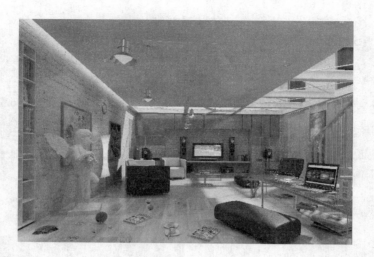

图 7-50　渲染结果

7.5　材质细调与光子图渲染

7.5.1　材质细调

`Steps 01` 先进行材质细分的调整，将材质细分设置相对高一些可以避免光斑、噪波等现象的产生，因此对讲解到的主要材质 Reflection（反射）选项组中的 Subdivs（细分）值进行增大，一般设置为 20~24 即可，如图 7-51 所示。

`Steps 02` 同样将场景内所有 VRay 灯光类型中 Sampling 选项组中的 Subdivs（细分）设置为 24，以及其他灯光类型中的 VRayShadows params 选项组中的 Subdivs（细分）设置为 24，如图 7-52 所示。

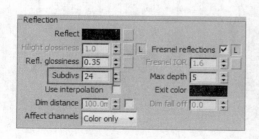

图 7-51　提高材质细分

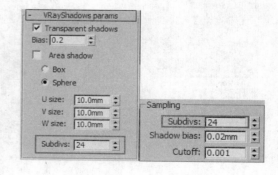

图 7-52　提高灯光细分

7.5.2　渲染光子图

`Steps 01` 修改完场景的细分后，按 F10 键打开渲染面板进入 Renderer【渲染器】选项卡调整 Irradiance map【发光贴图】与 Light cache【灯光贴图】的参数如图 7-53 所示。

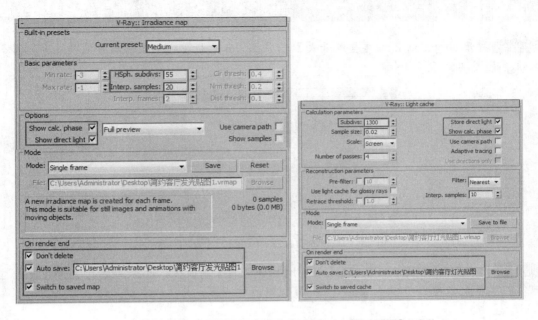

图 7-53　调整 Irradiance map【发光贴图】与 Light cache【灯光贴图】的参数

Steps 02 调整 DMC sampler【准蒙特卡罗采样】的参数如图 7-54 所示。

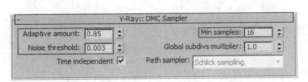

图 7-54　调整 DMC sampler【准蒙特卡罗采样】的参数

Steps 03 调整完以上所有参数后，按 C 键返回摄像机视图，单击 ⊙ 按钮对场景进行光子图渲染。

Steps 04 光子图渲染完成后，再次打开渲染参数面板，查看 Irradiance map【发光贴图】与 Light cache【灯光贴图】参数，可以发现光子图已经被保存并被系统自动调用，如图 7-55 所示。

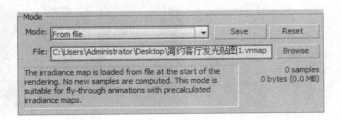

图 7-55　自动调用光子图

7.6 最终渲染

Steps 01 打开 Global switche【全局开关】卷展栏，开启材质模糊效果与置换效果，具体参数设置如图 7-56 所示。

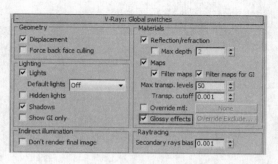

图 7-56　调整 Global switche【全局开关】卷展栏参数

Steps 02 打开 Image sampler（Antialasing）【图像采样】卷展栏，选择 Adaptive DMC【自适应蒙特卡罗】采样器与 Mitchell-Netravali 抗锯齿过滤器，具体的参数如图 7-57 所示。

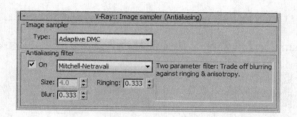

图 7-57　Image sampler【图像采样】卷展栏

Steps 03 调整最终成品图的渲染尺寸如图 7-58 所示。

Steps 04 按 C 键切换至摄像机视图进行最终渲染，得到最终渲染图像如图 7-59 所示。

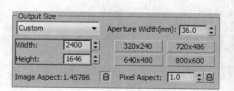

图 7-58　最终渲染尺寸

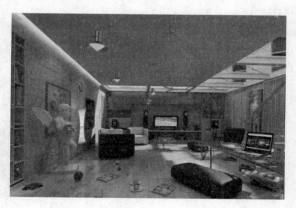

图 7-59　最终渲染结果

对于色彩通道图的渲染大家可以选择性地采用添加 VRayColorwire【VRay 颜色线框】元素或是制作色彩通道场景获取，此外在本书的配套光盘中为大家提供了色彩通道渲染场景与已经渲染好的色彩通道图，在掌握了色彩通道图制作的原理后，大家也可以直接进行调用，以节省学习时间。

7.7 渲染 AO 图

AO 是英文 Ambient Occlusion 的首字母缩写，意为环境光吸收，在图像的渲染过程中模型各个转角对光线采取了反弹的效果，因此这些地方的阴影细节相对而言会有所缺失，而环境光吸收恰恰是光线反弹的逆过程，因此利用 AO 图可进行一定程度上细节弥补，AO 图自身并不能直接进行使用，需要在 Photoshop 中通过调整 AO 图像的图层模式与透明度来才能体现其功能，这个调整过程笔者会在后期处理中为大家进行详细的讲解，首先就来进行 AO 图的制作。

Steps 01 AO 图的制作关键在于材质的制作，首先打开配套光盘中的简约卧室完成副本文件，再按 M 键打开材质编辑器选择任意一个空白的 Standard【标准材质】，将自发光强度增大到 100，然后在 Diffuse【漫反射】贴图通道中指定 VRayDirt【VRay 脏旧贴图】，设置脏旧贴图的 Radius【半径】为 500mm，并提高其细分值，材质的具体参数设置如图 7-60所示。

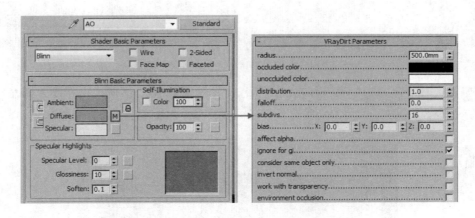

图 7-60 设置 AO 材质

Steps 02 对于场景模型 AO 材质的赋予，可以利用全局材质赋予的方法，通过 Global Switches【全局开关】中的 Override mtl【全局替代材质】将其指定给场景中的所有物体。

- radius 半径：即阴影范围。数值越小，阴影范围就越小也越生硬；数值越大，阴影范围越大并且越柔和。

- occluded color 受阻色：即阴影颜色。该物体被其他物体阻挡光线，吸收的自然就是阴影了。因为合成时一般都不是 100% 的加上 AO Pass 的，所以这里的颜色即使纯黑也不会造成合成后阴影"死黑"。

- unoccluded color 非受阻色：即光线颜色（环境光）。也就是直接到达物体而被该物体吸收的光线。这个颜色不一定非得纯白，可以根据需要调节其灰度。

- distribution 分布：我的理解是吸收的分布密度，但它还跟 Spread "传播（扩散）"有关。数值越小，密度越小，而传播或扩散的范围却越大，阴影也就越柔和。

- falloff 衰减：类似于 max 灯光的衰减"行为"，可以理解成阴影"刹车"的范围，本来是匀速的刹车，给衰减后意味着提前刹车。所以一般不需要过大的衰减，要给需要适当。

- subdivs 细分：针对阴影（边缘）的采样精度。如果数值过小，阴影边缘的噪波就会很明显，即使 DMC 采样器中的噪波阈值再小也无济于事；如果数值过大，渲染时间将会倍增，而阴影质量高到一定程度后也看不出什么区别了。所以取值要合理，一般 16 ~ 32 左右也差不多了，再加以噪波阈值的全局配合。

Steps 03 由于 AO 图需要的是环境光的吸收效果，因此需要将场景中的所有灯光删除，同时应该关闭 Indirect illumination【间接光照】的应用，取消卷展栏中 ON【启用】参数的勾选即可，对于图像的采样精度，可以进行适当的降低，具体参数调整如图 7-61 所示。

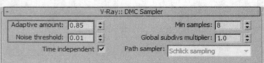

图 7-61　关闭 GI【间接光照】并降低采样精度

Steps 04 进入摄像机视图进行 AO 图的渲染，渲染结果如图 7-62 所示，可以看到在场景中所有的转角处都产生了的阴影细节。

图 7-62　AO 图渲染结果

7.8 后期处理

Steps 01 打开 Photoshop CS 软件，分别打开渲染成品图、色彩通道图，然后选择色彩通道图按 V 键启用移动工具将其复制至渲染成品图图像文件中，得到一个新的图层，如图7-63 所示。

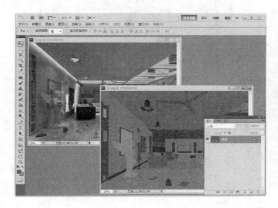

图 7-63　合并渲染成品图与色彩通道图至同一图像文件

Steps 02 选择"背景"图层，按Ctrl＋J键将其复制一份，并关闭"色彩通道"所在的图层1，如图 7-64 所示。

Steps 03 执行"图像"→"调整"→"亮度/对比度"，在弹出来的对话框中设置对比度的值为 40，如图 7-65 所示。

图 7-64　复制图层　　　　　　　　　　图 7-65　调整对比度

Steps 04 在"图层1"中用"魔棒"工具选择天花部分，返回"背景副本"图层，按Ctrl+J键复制到新图层，再使用【色相/饱和度】降低它的饱和度，如图7-66 所示。

Steps 05 在"图层 1"中用"魔棒"工具选择木地板部分，返回"背景副本"图层，按Ctrl+J键复制到新图层，再使用【曲线】降低它的亮度，如图7-67 所示。

图 7-66　调整天花饱和度

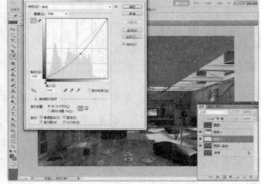

图 7-67　降低木地板亮度

Steps 06 在"图层 1"中用"魔棒"工具选择相应的部分，返回"背景副本"图层，按 Ctrl+J 键复制到新图层，再使用【色相/饱和度】降低它的饱和度，如图 7-68 所示。

图 7-68　降低其它区域的饱和度

Steps 07 调整窗口区域的亮度，在色彩通道图层中选择窗口区域，并返回背景副本层按 Ctrl + J 键复制到新的图层，然后按 Ctrl + M 键打开曲线对话框，提高该区域亮度，如图 7-69 所示。

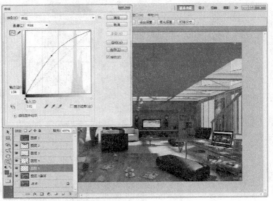

图 7-69 调整窗口区域的亮度

Steps 08 打开本书配套光盘中渲染文件夹中的简约客厅 AO 图像文件，并将其复制至当前的 PSD 文档，然后完全对齐，如图 7-70 所示。

Steps 09 降低 AO 图层的不透明度为 20%，并设置叠加方式为"正片叠低"方式，如图 7-71 所示。

图 7-70 合并对齐 AO 图像   图 7-71 调整合并方式及不透明度

Steps 10 按当前所有的图层元素合并到一个新的图层，并利用【曲线】调整图层整体亮度，如图 7-72 所示。

Steps 11 图像的最终效果如图 7-73 所示。

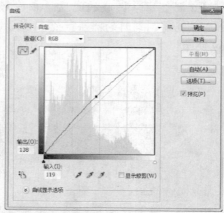

图 7-72　合并图层元素并整体调整图像的亮度

图 7-73　最终效果

第 8 章
阳光厨房

本章重点：

- 色彩、灯光、模型与氛围的关系
- 亚光木纹地板的制作
- 酒水材质的制作
- 不锈钢材质的制作
- Opacity【透明】贴图制作镂空效果
- 中午阳光氛围的制作

8.1 整体分析案例

经过前面 3 个实例章节的学习，大家对室内效果图的表现过程应当已经相当的熟悉，对于材质与灯光的调整也积累了有效的经验，在讲解本章场景相关内容之前根据之前学习到的内容，笔者总结了几条经验。

首先要根据模型特点分析室外与室内灯光的布置，在制定好较完整的布光思路的前提下，场景灯光的布置才能顺利完成，切忌随意发挥。

对于材质的调整则要从现实中该类材质表面的特点入手，然后找到相关的参数有的放矢，再结合其在表现画面中的位置，需要表现细节的绝不马虎了事，可以简化的也不要犹豫不决，这样才能保证渲染流程中质量与速度的平衡。

对于画面的构图则首先确定好场景摄像机的位置突出图画表现的重点，然后再调整画面的长宽比例控制画面的布局。

效果图的制作是有很多经验可套用的，比如图像中表现的光影氛围通常可分为：清晨纯净柔和的晨光氛围、上午明亮澄静的阳光氛围、中午通透晃眼的日光氛围、黄昏平静饱满的暮光氛围与入夜安详柔美的月光氛围。这 5 个不同时间段的光影氛围首先应由室外不同的角度、灯光颜色与强度的灯光进行决定性区分，再通过辅助性灯光的烘托完善整体的光影细节。

本章将进行中午阳光氛围的制作，同时也会对场景设计风格的体现与效果图中色彩和模型之间的关系进行阐述，和大家一起探讨效果图制作在软件之外的知识。

8.1.1 色彩、灯光、模型与氛围的关系

打开本书配套光盘中渲染文件夹中的"厨房完成"的最终渲染效果图片，如图 8-1 所示，可以发现图像以暖色为主色调，地板、餐桌椅与橱柜也是暖色的，传达出了一种清新、宁静、温馨的视觉感受，从而使得整个空间显得格外凉爽清新；在室内的配色中与暖色和谐搭配的常为类似色与对比色，图像中的灯光以及装饰画对应的使用了这两个色调以完成图像整体的用色，此外像场景中的一些小元素如水果和冰激凌也为画面增添了色彩细节上的调和。

图 8-1　场景最终渲染效果

场景的用色只是传达画面整体氛围最直观的一种手段，灯光效果与模型对风格的体现则显得深入细致，本场景表现的是一个位于海边的客餐厅自由结合的现代空间，其中餐厅及配套厨房为表现中心，由于室内使用了温馨暖色的主色调，笔者采用自然的手法将场景的灯光处理为中午时分强烈透通过的日光效果，室外的炎炎夏日恰能提升室内温馨自然的感觉，而在模型上选择了线条简约柔美的餐桌椅，再以洋溢着夏日海洋风情的冷饮与藤条箱进行穿插点缀，处处体现了凉爽清新的氛围。

8.1.2 布光思路

打开本书配套光盘中的厨房白模文件，可以发现场景正面与侧面有两处大的采光口，如图 8-2 所示，而在场景的背面则有一个相对较小的采光口，如图 8-3 所示。

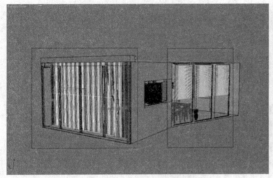
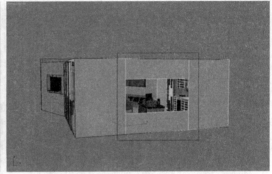

图 8-2　场景正面与侧面采光口　　　　　　　图 8-3　场景背面采光口

对于场景室外中午日光效果的模拟，笔者仍旧选择 VRaySun【VRay 阳光】进行制作，由于中午的日光十分强烈，笔者在三处采光口前方还添加了 Plane【平面】类型的 VRaylight 进行天光效果的补充，室外灯光整体的布置如图 8-4 所示。

而在室内灯光的处理上由于中午时分室内光线十分充足的原因，只开启了几盏筒灯与射灯进行画面色彩上的对比，具体的灯光布置如图 8-5 所示。

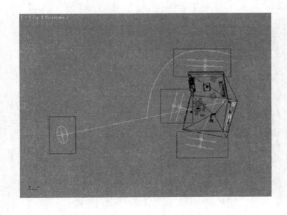
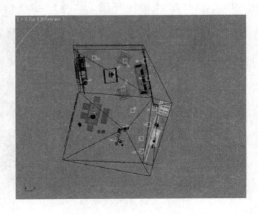

图 8-4　室外灯光整体布置情况　　　　　　　图 8-5　室内灯光的布置情况

8.2 画面构图

8.2.1 布置摄像机

　　本场景空间为异形空间，室内空间的走向呈现折线性，空间表现的重点为餐厅以及配套厨房，但也要兼顾整个空间格局的体现，下面来布置摄像机。

Steps 01 将场景模型切换至 Top【顶视图】，按 F3 键将视图切入至线框显示模式，单击 Target【目标】按钮，在场景的 Top【顶视图】内创建一盏目标摄像机，其具体如图 8-6 所示。

Steps 02 切换至场景的左视图调整摄像机的高度与摄像机目标点的位置，如图 8-7 所示，摄像机的坐标值为"4359，-4740，-7323"，摄像机目标点的坐标值则为"8160，4281，-7173"。

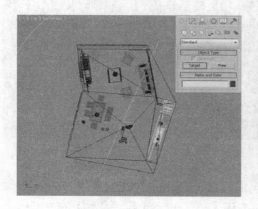
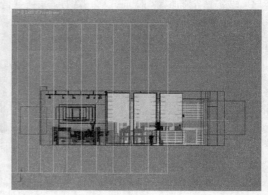

图 8-6　创建目标摄像机　　　　　　　　　　图 8-7　在左视图中调整摄像机与目标点位置

Steps 03 按 C 键切换到摄像机视图，此时的摄像机只观察到了场景局部效果，如图 8-8 所示。修改摄像机的 Lens【镜头值】为 22，并选择摄像机单击右键为其添加 Apply camera correction modifier【摄像机矫正器】为其调整透视关系，得到如图 8-9 所示的摄像机视图。

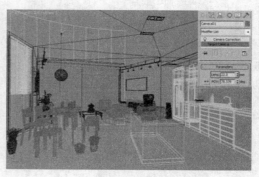

图 8-8　初始摄像机视图　　　　　　　　　　图 8-9　调整后的摄像机视图及参数

　　确定好摄像机的位置与角度后，接下来设置渲染尺寸，完成画面构图。

8.2.2 设置渲染尺寸

Steps 01 按 F10 键打开渲染面板，选择 common【公用参数】选项卡，设置本场景的 Width【宽度】与 Length【长度】分别为 600，360，具体参数设置如图 8-10 所示。

Steps 02 设置完渲染尺寸后切入摄像机视图，按 Shift + F 键开启渲染安全框，得到如图 8-11 所示的摄像机视图构图比例。

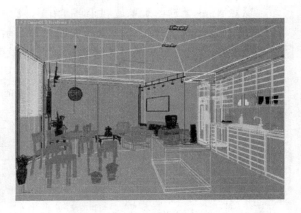

图 8-10　设定图面长宽比例　　　　　　　　图 8-11　打开视图安全框

8.3　材质初步调整

场景的材质调整次序如图 8-12 所示。

图 8-12　材质编号

1. 地板木纹材质

本例的地板材质用了暖色的木纹材质，与同色系的家具构成了场景主调。

Steps 01 按 M 键打开材质编辑器，将材质类型转换为 VRay mtl【VRay 基本材质】，并命名为"地板亚光木纹材质"。

Steps 02 在 Diffuse【漫反射】贴图通道加载一张木纹贴图，模拟材质表面纹理。

Steps 03 在 Reflect【反射】贴图通道指 Falloff【衰减】程序贴图，再进入 Falloff【衰减贴图】层级，将 Falloff Type【衰减方式】设为 Fresnel【菲涅尔反射】类型。

Steps 04 将 Hilight glossiness【高光光泽度】设为 0.8，而 Refl glossiness【反射光泽度】设为 0.9，使木纹反射清晰度略有模糊的效果。

Steps 05 在 Maps【贴图】卷展栏内将 Diffuse【漫反射】内的木纹贴图拖曳至 Bump【凹凸】贴图通道，制作木纹表面的细微的凹凸效果，具体材质参数设置如图 8-13 所示。

Steps 06 地板模型的 UVW 贴图参数和材质球效果如图 8-14 所示。

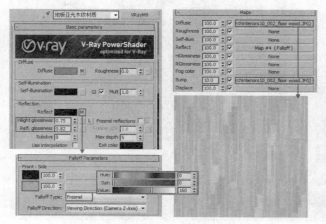

图 8-13　地板亚光木纹材质参数

图 8-14　地板模型的 UVW 贴图参数

2．墙面白色乳胶漆材质

乳胶漆材质的调整十分简单，在调整出对应的漫反射颜色后，处理好高光效果与反射效果即可，具体的材质参数设置与材质球效果如图 8-15 所示。

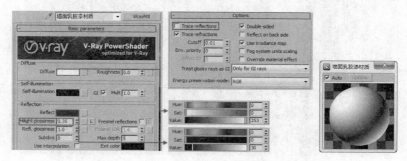

图 8-15　墙面乳胶漆材质与材质球效果

3．窗纱材质

本例中的窗纱是透明纱质，重点在于 Opacity【透明】贴图的使用。

Steps 01 按 M 键打开材质编辑器，将材质类型转换为 VRay mtl【VRay 基本材质】，并命名为"花纹窗纱材质"。

Steps 02 在 Diffuse【漫反射】贴图通道加载 Falloff【衰减】程序贴图，用于表现纱材质表面的细微绒毛效果，衰减方式保持默认的方式即可。

Steps 03 调整 Reflect（反射）的颜色值为 5，Refl.glossiness（反射光泽度）值为 0.35。

Steps 04 在 Refraction（折射）选项组中，设置 Refraction（折射）的 Value（明度）的值为 60，IOR 的值为 1.6，Glossiness 值为 0.85，勾选 Affect shadow（影响阴影）复选框，具体材质参数设置与材质球效果如图 8-16 所示。

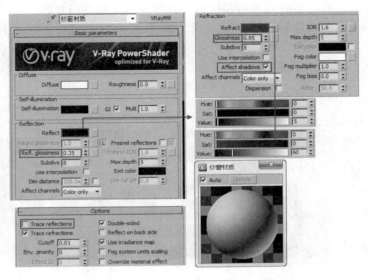

图 8-16　花纹窗纱材质参数及材质球效果

4. 磨砂不锈钢材质

磨砂不锈钢的反射清晰度虽然十分低，但这种效果并不是依靠降低其反射能力获得的，更关键在于其 Ref.glossiness【反射光泽】度的调整，本例中窗户磨砂不锈钢材质的具体参数与材质球效果如图 8-17 所示。

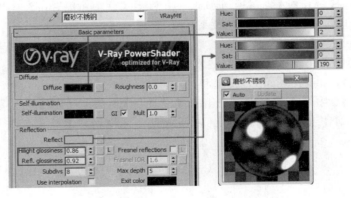

图 8-17　窗户磨砂不锈钢材质参数及材质球效果

5. 窗户玻璃材质

玻璃材质的调整主要把握其反射上有菲涅尔效果，透明度高的特点。

`Steps 01` 按 M 键打开材质编辑器，将材质类型转换为 VRay mtl【VRay 基本材质】，并命名为"窗户玻璃材质"。

`Steps 02` 将 Diffuse【漫反射】颜色通道调整为纯白色。

`Steps 03` 将 Refract【折射】颜色通道调整为白色，获得完全透明的效果，然后将 IOR【折射率】调整为玻璃的真实折射率 1.517。

`Steps 04` 完成玻璃材质的透明效果的制作后，接下来再为玻璃材质添加一点蓝色的效果，首先将 Fog color【雾效颜色】调整为蓝色，然后将 Fog multiplier【雾效倍增】调整为 0.002。

`Steps 05` 为了形成正确的透明阴影效果，勾选 Affect shadows【影响阴影】参数，具体材质参数设置与材质球效果如图 8-18 所示。

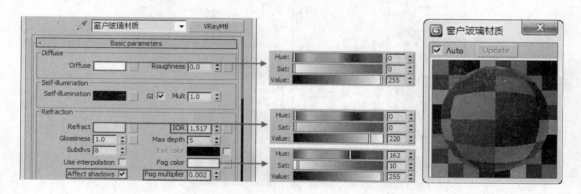

图 8-18　窗户玻璃材质参数及材质球效果

6. 餐桌椅木纹材质

本例中的餐桌椅使用的是亚光木纹材质，与之前设置的木纹材质略有区别。

`Steps 01` 按 M 键打开材质编辑器，将材质类型转换为 VRay mtl【VRay 基本材质】，并命名为"餐桌椅木纹材质"。

`Steps 02` 在 Diffuse【漫反射】贴图通道加载一张木纹贴图，并将 Blur【模糊】值修改为 0.01加强纹理的清晰度，模拟出木纹纹理效果。

`Steps 03` 调整 Reflect【反射】颜色通道为 122 的灰度，由于调整的是亚光木纹材质因此 Hilight glossiness【高光光泽度】参数值设为 0.66 即可，而 Refl glossiness【反射光泽度】设为 0.85，勾选 Fresnel reflections 复选框。

`Steps 04` 在 Maps【贴图】卷展栏内将 Diffuse【漫反射】内的木纹贴图拖曳复制至 Bump【凹凸】贴图通道，制作木纹表面的细微的凹凸效果，具体材质参数设置与材质球效果如图 8-19 所示。

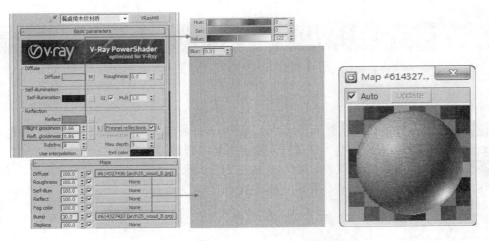

图 8-19　餐桌椅木纹材质参数与材质球效果

7. 厨柜木纹材质

橱柜木纹材质基本同餐桌木纹材质一样，只要对纹理、高光模糊和反射模糊值进行相应的设置就可以达到不一样的效果。

Steps **01** 按 M 键打开材质编辑器，将材质类型转换为 VRay mtl 【VRay 基本材质】，并命名为"厨柜木纹材质"。

Steps **02** 在 Diffuse【漫反射】贴图通道加载一张木纹纹理贴图。

Steps **03** 调整 Reflect【反射】颜色通道为 160 的灰度，由于调整的是亚光木纹材质因此 Hilight glossiness【高光光泽度】参数值设为 0.72 即可，而 Refl glossiness【反射光泽度】设为 0.75，勾选 Fresnel reflections 复选框。

Steps **04** 在 Maps【贴图】卷展栏中的 Bump【凹凸】贴图通道内加载一张用于模拟木纹凹凸效果的黑白位图，具体材质参数设置与材质球效果如图 8-20 所示。

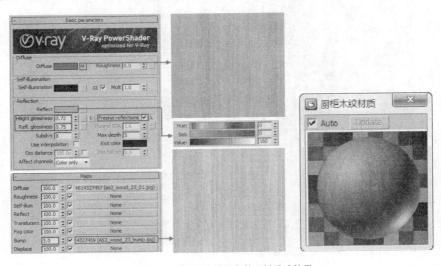

图 8-20　厨柜木纹材质参数及材质球效果

8.4 设置场景灯光

8.4.1 设置测试渲染参数

Steps 01 按 F10 键打开渲染面板，进入 Renderer【渲染器】选项卡，首先对 V-Ray:: Frame buffer VRay 帧缓存卷展栏进行调整，具体参数设置如图 8-21 所示。

Steps 02 在开启了 VRay 帧缓存之后，为了避免资源的浪费应该在 Common 公用参数面板中将 3ds max 自带的帧缓存关闭，具体参数设置如图 8-22 所示。

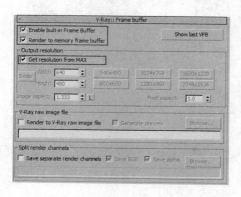

图 8-21　开启 VRay 帧缓存

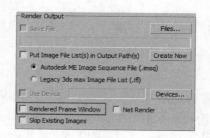

图 8-22　取消 3ds max 默认帧缓存

Steps 03 整体调整渲染品质以便更快捷地查看测试渲染效果，各卷展栏具体参数设置如图 8-23 所示。

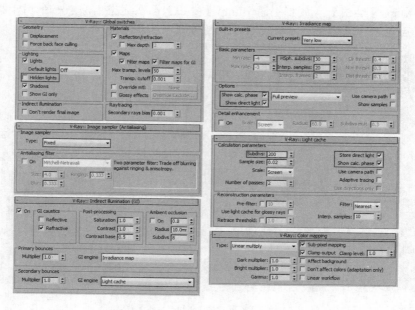

图 8-23　设置测试渲染参数

其他未标示的参数保持默认即可，接下来使用 VRaySun【VRay 阳光】制作场景中午的阳光效果

8.4.2 设置背景

首先对室外的背景进行设置，这样可以让场景与外部看起来更协调一点。

Steps 01 按 M 键打开材质编辑器，选择一个空白材质球，单击 Standard 按钮将材质切换为 VRayLightMtl【VRay 灯光材质】材质类型。单击 Color【颜色】右侧的贴图通道，添加一张位图贴图来控制背景光，如图 8-24 所示。

图 8-24　设置 VRay 灯光材质

Steps 02 将设置好的背景材质赋予给场景中的对象，切换到摄影机视图，在 Modify(修改) 命令面板中为它添加 UVWmap(UVW 贴图)修改器，调整好外景的位置，如图 8-25 所示。

图 8-25 调整背景

8.4.3 布置场景室外灯光

1. 布置 VRaySun【VRay 阳光】

Steps 01 在场景的 Top【顶视图】内创建一盏 VRaySun【VRay 阳光】，切换至 Front【前视图】对高度及入射角度进行调整，其在 Top【顶视图】与 Front【前视图】内的位置参考现实中太阳中午时分所处的位置调整至图 8-26 中所示。

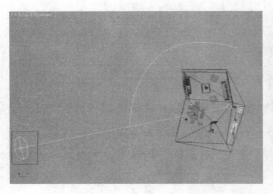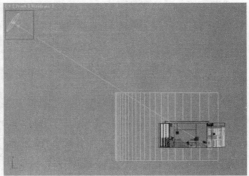

图 8-26　VRaySun【VRay 阳光】的位置

注意：在系统提示是否自动添加 VRaysky【VRay 天光】环境贴图时为了操作的方便可以先选择"否"。

Steps 02 在修改命令面板中调整好灯光参数，然后切换至摄像机视图进行 VRaySun【VRay 阳光】的灯光测试渲染，具体的灯光参数设置与渲染效果如图 8-27 与如图 8-28 所示。

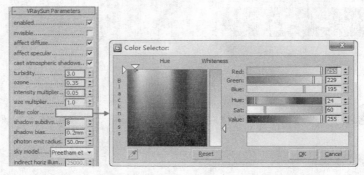

图 8-27　灯光参数设置

图 8-28　渲染效果

　　观察此时的渲染效果，可以发现此时画面中灯光强度还不够体现中午时分日光的强烈，接下来就在场景的三处采光口各设置 Plane【平面】类型的 VRaylight 进行天光的补充。

2. 设置天光补光

Steps 01 天光补光由 Plane【平面】类型的 VRaylight【VRay 灯光】设置完成，其尺寸大小可以参考采光口的大小进行设置，天光补光在 Top【顶视图】与 Front【前视图】内的位置如图 8-29 所示。

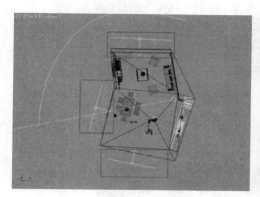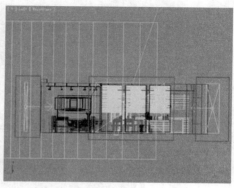

图 8-29　天光补光位置

Steps 02 天光补光的位置调整完成之后接下来修改天光的灯光参数，具体的参数设置如图 8-30 所示。

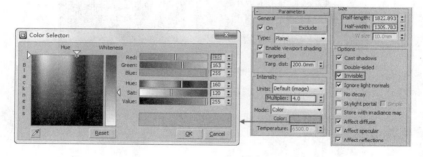

图 8-30　天光补光参数

Steps 03 以复制的方法复制出另外三盏 VRayLight 灯光，位置如图 8-31 所示。

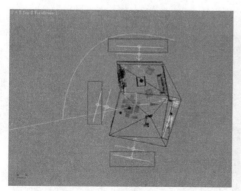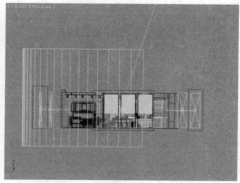

图 8-31　天光补光位置

Steps 04 选择复制的灯光,切换修改命令面板对参数进行修改,如图 8-32 所示。

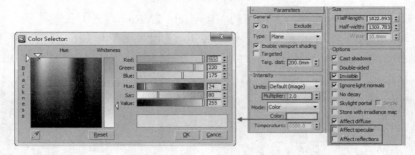

图 8-32　灯光参数

Steps 05 灯光的参数调整完成后返回摄像机视图,再次对场景进行灯光测试渲染,渲染结果如图 8-33 所示。

图 8-33　渲染结果

8.4.4　布置场景室内灯光

本场景中室内灯光设置极为简单,只设置了几盏筒灯与射灯效果进行画面亮度的补充,使用的是 Traget point【目标点光源】。

Steps 01 场景都统一使用了一种灯光和参数,灯光的位置如图 8-34 所示。

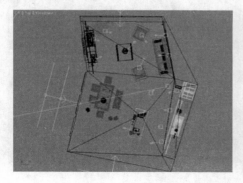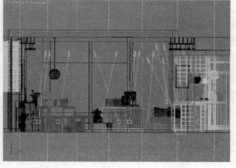

图 8-34　室内灯光分组及其具体位置

Steps 02 灯光阴影类型、灯光颜色、灯光强度的具体参数设置如图 8-35 所示。

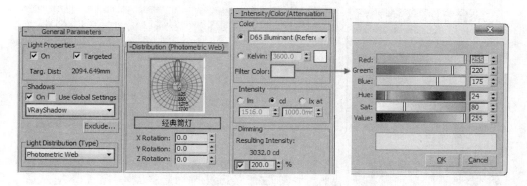

图 8-35　灯光参数

Steps 03 调整完成所有室内灯光的参数后，返回摄像机视图对场景进行灯光测试渲染，渲染结果如图 8-36 所示。

图 8-36　渲染结果

完成室内灯光的制作后，场景的灯光就全部布置完成，接下来就对场景的材质进行细调并完成光子图的渲染。

8.5　材质细调与光子图渲染

8.5.1　材质细调

观察图 8-36 可以发现，场景材质的溢色均在可接受的范围内，接下来就调整场景材质的细分值，将地板亚光木纹材质，餐桌椅木纹材质，厨柜木纹材质，以及磨砂不锈钢材质等材质细分统一增大至 30，如图 8-37 所示。

图 8-37　提高材质细分

8.5.2　渲染光子图

Steps `01` 调整完成材质的细节后接下来着手进行光子图的渲染，首先提高场景中 VRaysun
【VRay 阳光】调整其阴影细分值为 30，如图 8-38 所示。

Steps `02` 将场景中所有的 VRaylight【VRay 灯光】的细分值统一修改为 24 即可，如图 8-39
所示，接下来进行光子图渲染参数的调整。

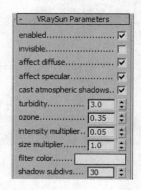

图 8-38　增大 VRaysun 阴影细分值

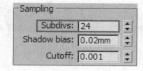

图 8-39　修改 VRaylight 的细分值

Steps `03` 按 F10 键打开渲染面板，调整 Irradiance map【发光贴图】与 Light cache【灯光贴
图】的参数如图 8-40 所示。

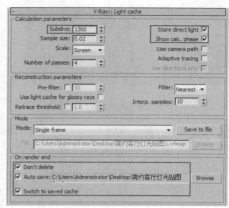

图 8-40　调整 Irradiance map【发光贴图】与 Light cache【灯光贴图】的参数

Steps 04 整体提高场景 Irradiance map【发光贴图】与 Light cache【灯光贴图】的参数后，接下来便调整 DMC sampler【随机准蒙特卡罗采样】的参数，整体提高图像的采样精度，具体参数设置如图 8-41 所示。

Steps 05 调整完以上所有参数后，返回摄像机视图，按 Shift+F 键打开渲染安全框，再单击 ◎ 按钮对场景进行光子图渲染，光子图渲染结果如图 8-42 所示。

图 8-41　调整 DMC sampler【随机准蒙特卡罗采样】
的参数

图 8-42　光子图渲染结果

　　光子图渲染结束后，接下来进入最终渲染流程。

8.6　最终渲染

Steps 01 打开 Global switche【全局开关】卷展栏，开启材质模糊效果与置换效果，具体参数设置如图 8-43 所示。

Steps 02 打开 Image sampler（Antialiasing）【图像采样】卷展栏，选择 Adaptive DMC【自适应蒙特卡罗】采样器与 Mitchell-Netravali 抗锯齿过滤器，如图 8-44 所示。

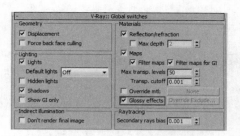

图 8-43　调整 Global switche【全局开关】卷展栏参数

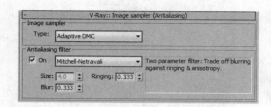

图 8-44　Image sampler（Antialiasing）卷展栏

Steps 03 调整好最终成品图的渲染尺寸，如图 8-45 所示。

Steps 04 所有参数调整完成后，进入摄像机视图进行最终成品图的渲染，渲染结果如图 8-46 所示。

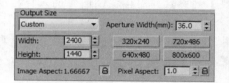

图 8-45　最终成品图的渲染尺寸

图 8-46　最终渲染结果

对于色彩通道图的获取，大家可以打开配套光盘中的色彩通道图渲染场景渲染获取，也可以直接调用笔者渲染文件夹中已经渲染完成的图像。

8.7　后期处理

Steps 01 打开 Photoshop CS 软件，分别打开渲染成品图、色彩通道图然后选择色彩通道图按 "V" 键启用移动工具将其复制至渲染成品图图像文件中，得到一个新的图层，如图 8-47 所示。

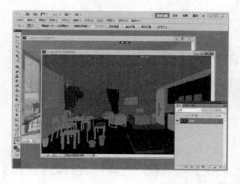

图 8-47　合并渲染成品图与色彩通道图

Steps 02 选择"背景"图层,按Ctrl+J键将其复制一份,并关闭"色彩通道"所在的图层1,如图 8-48 所示。

图 8-48　对齐色彩通道图层

Steps 03 选择"背景副本"图层,按 Ctrl + M 键打开【曲线】调整它的亮度和对比度,如图 8-49 所示。

 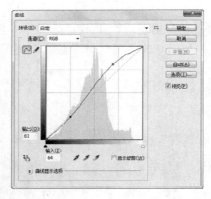

图 8-49　调整亮度对比度

Steps 04 在"背景副本"图层中,按 Ctrl + U 键打开【色相/饱和度】调整它的饱和度,如图 8-50 所示。

 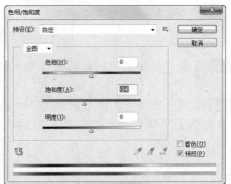

图 8-50　调整饱和度

Steps 05 局部调整各部位的色彩和亮度，在"图层 1"中用"魔棒"工具选择天花部分，返回"背景副本"图层，按 Ctrl＋J 键复制到新图层，再使用【色相/饱和度】降低它的饱和度，如图 8-51 所示。

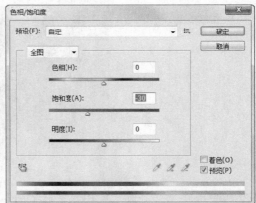

图 8-51　调整天花饱和度

Steps 06 在"图层 1"中用"魔棒"工具选择窗帘和沙发布艺部分，返回"背景副本"图层，按 Ctrl＋J 键复制到新图层，再使用【色相/饱和度】降低它的饱和度，如图 8-52 所示。

图 8-52　降低窗帘和沙发饱和度

Steps 07 将窗帘部分复制到新的图层中，按 Ctrl＋M 键打开【曲线】调整它的亮度，如图 8-53 所示。

Steps 08 使用"魔棒"工具选择地面和中岛台部分，并复制到新的图层中，按 Ctrl＋M 键打开【曲线】降低它的亮度，如图 8-54 所示。

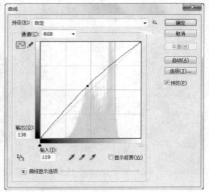

图 8-53　提升窗帘的亮度

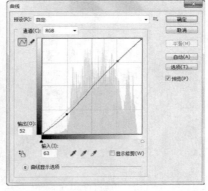

图 8-54　降低地面和中岛台亮度

Steps 09 按 Shift+Ctrl+Alt 组合键，合并所有调整的图像到新图层，并执行"图像"→"调整"→"照片滤镜"命令，在弹出的"照片滤镜"对话框中调整该参数如图 8-55 所示。

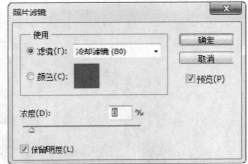

图 8-55　添加照片滤镜

Steps 10 处理窗户处的泛光，在色彩通道所在的图层中选择窗帘和窗户区域，按 Ctrl+Shift+N 组合键复制一个新的图层，使用"油漆桶"工具，将它填充为白色调，如图 8-56 所示。

图 8-56　选择区域并填充白色

Steps 11 执行"滤镜"→"模糊"→"高斯模糊"命令,在弹出的"高斯模糊"对话框中设置半径值为 250,并设置不透明为 30%,如图 8-57 所示。

图 8-57　制作窗口泛光

Steps 12 经过以上的处理,图像的最终效果如图 8-58 所示。

图 8-58　最终效果

第 9 章
温馨书房

本章重点:

- 📖 夜景氛围特点
- 📖 窗帘材质的制作
- 📖 盆栽材质的制作
- 📖 欧式场景的最终渲染流程
- 📖 烛光效果在后期软件中的制作

9.1 解读场景及布光思路

在室内效果图的制作中，月夜氛围以其独有的朦胧神秘感常用来表现卧室、书房等私密空间，皎洁柔和的月光与室内暖色调灯光的融合所得到的画面色彩冷暖对比自然，同灯光产生的画面语言也十分丰富，本章最终得到的表现效果如图 9-1 所示。

图 9-1　月夜书房案例最终效果

9.1.1 解读场景

对于场景氛围表现的选择通常需要结合多方面的考虑，从装饰风格的角度来说，月夜的神秘感能烘托场景典雅的欧式装饰风格；从功能角度而言，很明显这是一个是专属主人阅览书籍、放松心境的私密空间，光线的朦胧感体现一种静寂的氛围；最后从画面灯光元素构成的角度来说，夜景能更好地利用到场景中的炉火、烛台表现出书房独具的深夜围炉夜话，秉烛夜读的画面语言，表现随性、高雅的画面情调。

9.1.2 布光思路

打开配套光盘中的户型图白模场景文件，通过观察可以发现场景左侧有两处面积比较大的采光口，如图 9-2 所示，笔者在这里将采用 Target Direct【目标平行光】制作月光效果，室外灯光布置如图 9-3 所示。

图 9-2　场景采光口

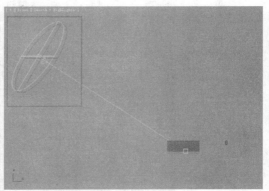

图 9-3　室外灯光的布置

　　场景的室内灯光组成在欧式风格的装饰中是比较典型的，其中天花板上设置的面光源与筒灯光源是比较好处理的，利用 Plane【平面】类型的 VRaylight 与 Traget point【目标点光源】能逼真模拟出上述两种灯光的发光效果，而烛台、台灯与壁炉光源除了能点缀画面的光影明暗变化外，还能表现特有的画面语言，尤其是烛台的灯光效果不但能突出画面的中心视觉效果，还能体现书房秉烛夜读的经典意境，场景室内灯光的布置如图 9-4 所示。

图 9-4　场景室内灯光布置

9.2　画面构图

　　如图 9-5 中所示场景模型的布置是十分用心，融入了诸多的欧式风格的细节模型，华丽的窗帘，高雅的钢琴，极富艺术气息的屋顶壁画以及线条柔美精细的书架与壁炉等都是十分经典的欧式风格装饰元素，但这些都只能体现场景模型的整体装饰风格，场景中间的复古风格的书桌椅才是真正能表现场景作为书房空间的中心元素，因此它必然是画面的视觉中心。

图 9-5　场景模型空间布局

9.2.1 布置摄像机

月夜氛围下渲染的图像的亮度是比较低的，笔者使用的是标准相机进行渲染。

Steps 01 切换至 Top【顶视图】，再按 F3 键将视图切入至线框显示模式观察场景模型的相对空间关系，单击 Target【目标】按钮，在场景的 Top【顶视图】内创建一盏目标摄像机，如图 9-6 所示。

Steps 02 切入场景的左视图，调整相机的高度与摄像机目标点的位置，如图 9-7 所示，相机的具体坐标值为 "14170，-13021，-8062"，摄像机目标的坐标则为 "12040，-5349，-8062"。

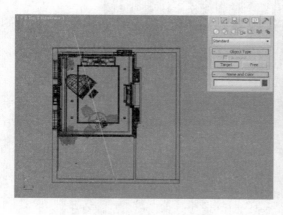

图 9-6　在 Top【顶视图】内创建 VRay 物理相机

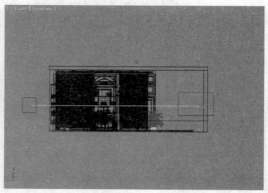

图 9-7　相机左视图中的位置

Steps 03 调整好相机的位置后，按 C 键切换到摄像机视图，可以看到视图内只显示了场景局部效果透视效果，如图 9-8 所示，选择相机调整其 Lens【镜头值】参数值至 24.918，如图 9-9 所示。

图 9-8　初始摄像机视图　　　　　　　　　　图 9-9　调整得到的摄像机视图

9.2.2 设置渲染尺寸

Steps 01 按 F10 键打开渲染面板选择 common【公用参数】选项卡，设置场景渲染画面的长宽比例，对画面的边缘进行剪切，具体的参数值设置如图 9-10 所示。

Steps 02 设定好以上参数后，在摄像机视图中按 Shift + F 组合键显示安全框观察到如上设置的图像长宽比例，如图 9-11 所示。

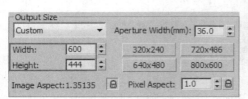 

图 9-10　设定图面长宽比例　　　　　　　　　图 9-11　打开安全框

9.3 材质初步调整

本场景的材质调整次序如图 9-12 所示。

1.　地面亚光木地板材质

本场景表现的是一个古典风格的书房场景，在地板材质上笔者选择了深色的木纹，表现出古典风格中古朴稳重的一面。

图 9-12　材质调整步骤

Steps 01 按 M 键打开材质编辑器，将材质类型转换为 VRay Mtl【VRay 基本材质】，并命名为"亚光木地板材质"。

Steps 02 在 Diffuse【漫反射】贴图通道加载深色的木纹纹理贴图，并将其 Blur【模糊】参数设为 0.01 增强木纹纹理的清晰度，同时注意可对木纹贴图进行一定的裁切，以保证纹理颜色与亮度的统一性。

Steps 03 调整 Reflect【反射】颜色值为 128，勾选 Fresnel reflections 复选框。

Steps 04 将 Hilight glossiness【高光光泽度】设为 0.72，Refl glossiness【反射光泽度】设为 0.78，模拟出木纹表面模糊的反射效果，完成亚光木纹材质纹理与反射效果的模拟。

Steps 05 进入 Maps【贴图】卷展栏内将 Diffuse【漫反射】内的木纹贴图拖曳至 Bump【凹凸】贴图通道，完成木纹材质表面凹凸效果的模拟，具体材质参数设置如图 9-13 所示。

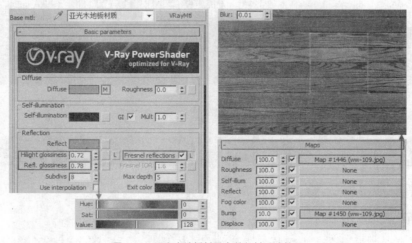

图 9-13　亚光木地板材质参数与材质球效果

Steps 06 地板模型的 UVW 贴图参数设置和材质球效果如图 9-14 所示。

图 9-14　地板模型的 UVW 贴图和材质效果

2. 墙面壁纸材质

为了体现场景古典的装饰风格，本场景的墙面采用了带有古典花纹的壁纸材质进行装饰。

Steps 01 按 M 键打开材质编辑器，将材质类型转换为 VRay Mtl【VRay 基本材质】，并命名为"墙面壁纸材质"。

Steps 02 在 Diffuse【漫反射】贴图通道加载一张带有古典花纹的壁纸，将其 Blur【模糊】参数设为 0.01 加强花纹纹理表现的清晰度。

Steps 03 调整 Reflect【反射】颜色通道值为 30 的灰度，进入 Options【选项】卷展栏，关闭 Trace reflect【反射追踪】参数，Hilight glossiness【高光光泽度】设为 0.35，完成壁纸表面高光的制作。

Steps 04 进入 Maps【贴图】卷展栏内将 Diffuse【漫反射】内的壁纸贴图拖曳复制至 Bump【凹凸】贴图通道，具体材质参数设置与材质球效果如图 9-15 所示。

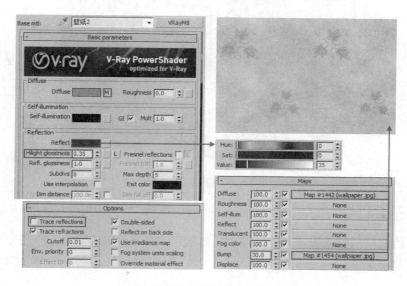

图 9-15　墙面壁纸材质参数与材质球效果

3．天花板彩画材质

天花板彩画材质的参数与墙面壁纸材质参数十分相似，只是使用了不同的漫反射贴图与凹凸贴图，其具体的贴图参数如图 9-16 所示。

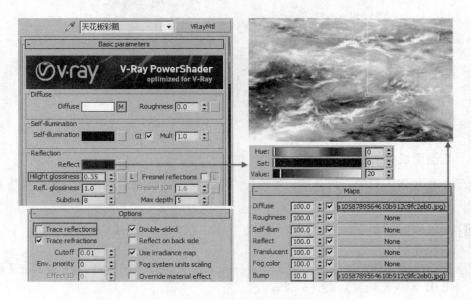

图 9-16　天花板彩画材质与材质球效果

顶面天花板模型 UVW 贴图参数设置和材质效果如图 9-17 所示。

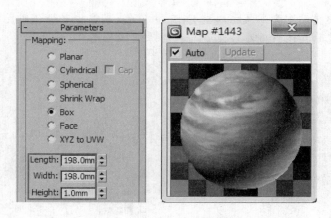

图 9-17　顶面天花板模型 UVW 贴图和材质效果

4．窗帘材质

本场景的窗帘的材质设置得十分华丽，体现了欧式场景奢华的设计元素，窗帘材质共分为如图 9-18 所示的三大部分。

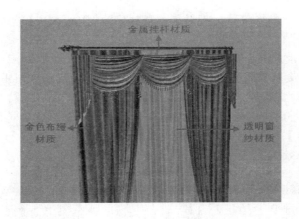

图 9-18　窗帘材质划分

❑　金色布缦材质

本例中的窗帘布缦材质十分华贵，在利用了金色的布纹贴图进行表现纹理表现的同时，还制作了专门的反射贴图以表现其表面金丝线的反射效果。

Steps 01 按 M 键打开材质编辑器，将材质类型转换为 VRay Mtl【VRay 基本材质】，并命名为"金色布缦材质"。

Steps 02 在 Diffuse【漫反射】贴图通道加载一张金色的布纹贴图，表现布缦表面的花纹纹理与色彩效果。

Steps 03 在 Reflect【反射】贴图通道加载一张黑白的花纹贴图，这样贴图白色的地方的就会有较强的反射能力。

Steps 04 进入 Maps【贴图】卷展栏内在 Bump【凹凸】贴图通道内加载一张黑白位图模拟布缦表面花纹的凹凸效果，具体材质参数设置与材质球效果如图 9-19 所示。

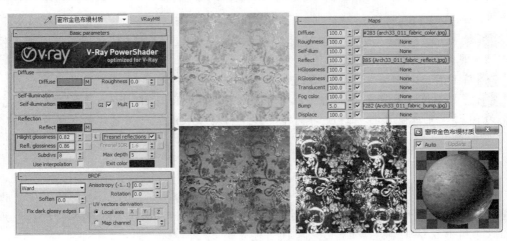

图 9-19　金色布缦材质参数与材质球效果

❑　透明纱窗材质

本例中的透明纱窗材质其透明效果完全可以由 Refraction【折射】参数组完成。

Steps 01 按 M 键打开材质编辑器，将材质类型转换为 VRay Mtl【VRay 基本材质】，并命名为"透明纱窗材质"。

Steps 02 将 Diffuse【漫反射】颜色通道调整为 RGB 值分别为 242，254，255 的白色。

Steps 03 将 Reflect【反射】颜色通道调整为 10 的灰度，最后将 Hilight glossiness【高光光泽度】设为 0.6，使纱窗获得一个十分散淡的高光效果。

Steps 04 调整纱窗材质的透明效果，首先将 Refract【折射】颜色通道调整为 200 的灰度，然后将 IOR【折射率】调整为 1.01，最后再勾选 Affect shadows【影响阴影】参数，保证透过纱窗形成的阴影效果是正确的，其具体材质参数设置与材质球效果如图 9-20 所示。

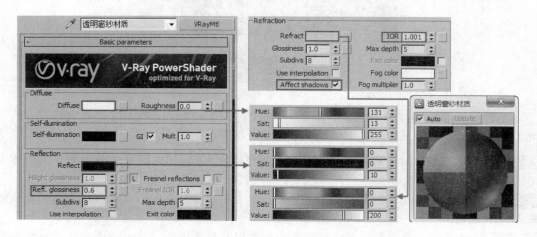

图 9-20　透明纱窗材质参数与材质球效果

□　金属挂杆材质

窗帘挂杆采用的暗红色金属材质，与之前设置的金色窗缦相呼应共同体现窗帘整体的奢华感。

Steps 01 按 M 键打开材质编辑器，将材质类型转换为 VRay Mtl【VRay 基本材质】，并命名为"金属挂杆材质"。

Steps 02 将 Diffuse【漫反射】颜色通道调整为 RGB 值分别为 110、60、6 的暗红色。

Steps 03 将 Reflect【反射】颜色通道调整为 160 的灰度，Refl glossiness【反射光泽】参数调整为 0.75，完成金属挂杆材质的制作，具体材质参数设置与材质球效果如图 9-21 所示。

5.　桌椅木纹材质

场景中的木纹材质笔者仍然使用了深色系的木纹材质。

Steps 01 按 M 键打开材质编辑器，将材质类型转换为 VRay Mtl【VRay 基本材质】，并命名为"桌椅木纹材质"。

Steps 02 在 Diffuse【漫反射】贴图通道加载一张深色的木纹纹理贴图，将其 Blur【模糊】参数设为 0.01 增强木纹纹理表现的清晰度。

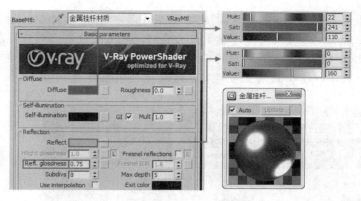

图 9-21　金属挂杆材质参数与材质球效果

Steps 03 在 Reflect【反射】贴图通道指定 Falloff【衰减】程序贴图，并进入其子层级将 Falloff Type【衰减方式】修改为 Fresnel【菲涅尔反射】类型。

Steps 04 将 Hilight glossiness【高光光泽度】设为 0.78，Refl glossiness【反射光泽度】设为 0.88，模拟表面模糊反射效果。

Steps 05 进入 Maps【贴图】卷展栏内将 Diffuse【漫反射】内的木纹贴图拖曳至 Bump【凹凸】贴图通道，制作出木纹表面的凹凸效果，具体材质参数与材质球效果如图 9-22 所示。

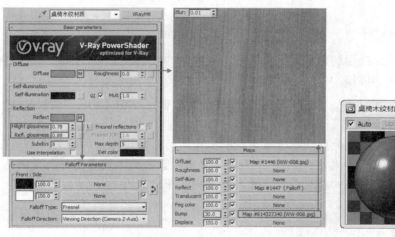

图 9-22　桌椅木纹材质参数与材质球效果

6．椅子皮纹材质

椅子扶手与座垫使用的是皮革材质，通过加载皮纹贴图可以逼真地表现皮革纹理与凹凸效果。

Steps 01 按 M 键打开材质编辑器，将材质类型转换为 VRay Mtl【VRay 基本材质】，并命名为"椅子皮纹材质"。

Steps 02 在 Diffuse【漫反射】贴图通道加载皮纹贴图，并将其 Blur【模糊】参数设为 0.01 增强皮纹纹理表现的清晰度。

Steps 03 将 Reflect【反射】颜色通道调整为 60 的灰度，Hilight glossiness【高光光泽度】设为 0.45，Refl glossiness【反射光泽度】设为 0.55，完成皮纹表面模糊反射效果的制作。

Steps 04 进入 Maps【贴图】卷展栏内将 Diffuse【漫反射】内的木纹贴图拖曳至 Bump【凹凸】贴图通道，具体材质参数设置与材质球效果如图 9-23 所示。

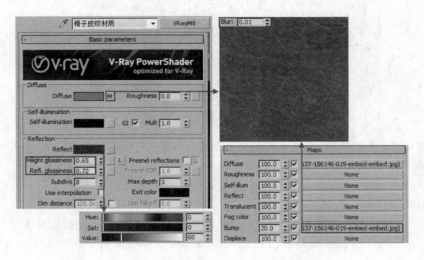

图 9-23　椅子皮纹材质参数与材质球效果

7.　炉火火焰材质

炉火的发光特点需要利用灯光进行表现，但炉火的火焰效果却可以利用漫反射贴图与透明贴图进行逼真的模拟。

Steps 01 按 M 键打开材质编辑器，将材质类型转换为 VRay Mtl【VRay 基本材质】，并命名为"椅子皮纹材质"。

Steps 02 在 Diffuse【漫反射】贴图通道加载一张火焰的贴图模拟火焰效果。

Steps 03 在 Maps【贴图】卷展栏内将 Diffuse【漫反射】内的木纹贴图拖曳复制至 Opacity【透明】贴图通道，具体的材质参数设置与材质球效果如图 9-24 所示。

图 9-24　炉火火焰材质参数一

Steps 04 虽然炉火效果要利用灯光进行模拟，但在这里先为炉火火焰增加些许发光会使炉火效果更为逼真，选择炉火火焰材质球为其添加 VRayMtlWarapper【VRay 包裹材质】，然后调整其 Generate GI【产生全局光照】参数值为 2，具体材质设置如图 9-25 所示。

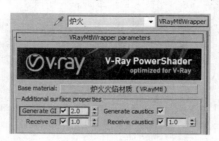

图 9-25　添加 VRayMtlWarapper【VRay 包裹材质】

到这里本章节中的材质部分就讲解完毕了，在材质的类型上并没有太多新的变化，更多的是根据装饰风格的改变对材质进行对应色彩与质感的调整，比如场景中的金色布缦材质能体现出欧式装饰风格中的奢华一面，而古朴的亚光木地板则能体现其典雅的一面，整体装饰风格的表现不能仅靠一两个元素就能象征性的体现，注重场景整体的细节表现才能让整体场景风格的表现显得突出、到位。

9.4　设置场景灯光

本章节表现的虽为夜景氛围，但在场景测试参数的调整上并没有什么改变，同样只对场景的帧缓冲器，全局光照等参数做出必要的调整，以保证测试渲染的速度。

9.4.1　设置测试渲染参数

Steps 01 按 F10 键打开渲染面板，进入 Renderer【渲染器】选项卡，首先对 `V-Ray:: Frame buffer` 卷展栏进行调整，具体参数设置如图 9-26 所示。

Steps 02 在开启了 VRay 帧缓存之后，为了避免资源的浪费应该在 `Common` 公用参数面板中将 3ds max 自带的帧缓存关闭，具体参数设置如图 9-27 所示。

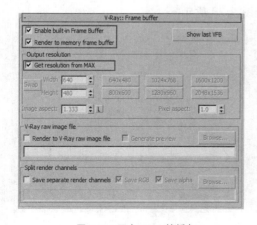

图 9-26　开启 VRay 帧缓存

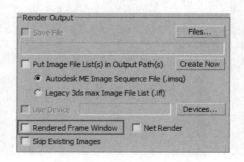

图 9-27　取消 3ds max 默认帧缓存

Steps 03 整体调整渲染品质以便更快捷地查看测试渲染效果，各卷展栏具体参数设置如图 9-28 所示。

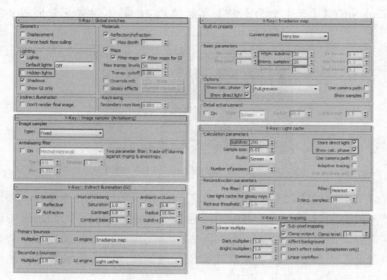

图 9-28   设置测试渲染参数

其他未标示的参数保持默认即可，接下来就来制作场景的灯光效果，首先布置的是场景室外的灯光效果。

9.4.2 布置室外灯光

1. 布置室外月光

笔者在这里将采用 Target Direct【目标平行光】制作月光效果。

Steps 01 在 灯光创建面板中，选择 Standard（标准）类型，单击 Target Spot 按钮，在顶视图中创建一盏 Target Spot（目标聚光灯），按 F 键切换至场景的 Front【前视图】调整好 Targat Spot【目标聚光灯】的高度，具体位置如图 9-29 所示。

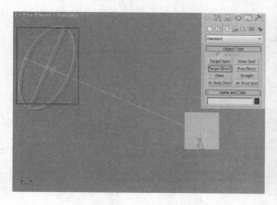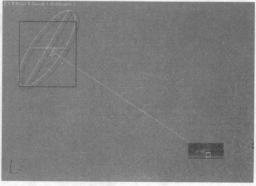

图 9-29   VRaylight【VRay 灯光】在场景中的位置

Steps 02 调整好灯光的位置后选择灯光进入修改命令面板，调整灯光的参数如图 9-30 所示。

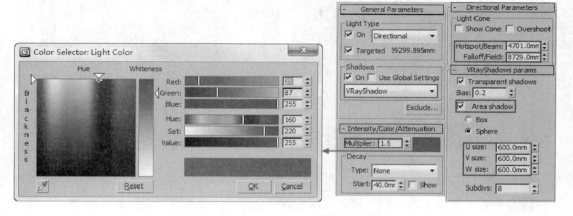

图 9-30　VRay 灯光参数

Steps 03 VRay 灯光的参数调整完成后，返回摄像机视图进行灯光测试渲染，得到的效果如图 9-31 所示。

图 9-31　渲染结果

很明显在此时的渲染画面中已经能清晰地看到淡蓝色的月光洒进了书房室内，在地板与画面右下角的壁炉与书籍上都投射了十分理想的光影效果，但场景的亮度显然还不够，接下来就布置场景的室外天光加大场景的亮度。

1. 布置室外天光

Steps 01 室外天光采用 Plane【片面】类型的 VRaylight 模拟，灯光在场景 Top【顶视图】与 Left【左视图】内的位置如图 9-32 所示。

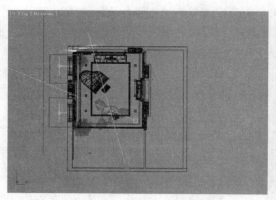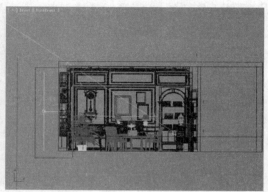

图 9-32　室外天光位置

Steps 02 两盏灯光为关联复制，灯光的位置调整完成后，选择其中的任意一盏灯光，进入修改命令面板，调整其参数如图 9-33 所示。

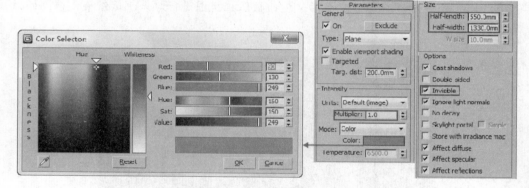

图 9-33　室外天光参数

Steps 03 调整好室外天光的参数后，返回摄像机视图进行灯光测试渲染，得到的渲染结果如图 9-34 所示。

图 9-34　渲染结果

　　在室外天光的烘托下，画面夜景氛围所具有的特点就显得明显了，淡蓝的月光透过两个窗户，在室内投射出浅浅的月光的同时微微地打亮了室内整体的布局结构，下面就开始室内灯光的制作，刻画出场景的模型材质细节并完成诸如壁炉炉火以及烛台灯光这些月夜灯光细节氛围的制作。

9.4.3 布置室内灯光

1. 天花板面光源

`Steps 01` 场景中的天花模型内可以布置一圈面光源，该光源由 Plane【平面】类型的 VRaylight 模拟，灯光在场景 Top【顶视图】与 Left【左视图】内的位置如图 9-35 所示。

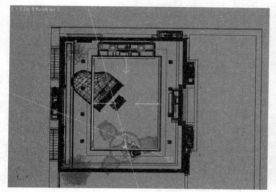

图 9-35　天花板内面光源位置

`Steps 02` 这 4 盏面光源只在长度上有区别，可以参考灯槽的长与宽进行调整，其他参数完全一致，如图 9-36 所示。

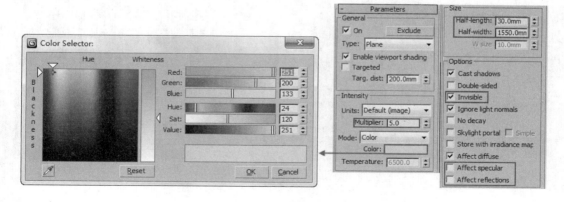

图 9-36　灯光参数

`Steps 03` 灯光的参数调整完成后，进入摄像机视图进行灯光测试渲染，得到的渲染结果如所如图 9-37 所示。

图 9-37　测试渲染效果

天花板面光源布置完成后，接下来布置天花板上的筒灯灯光。

2.　布置筒灯

由于场景表现的是月夜的光影氛围，而室内已经天花板上已经有数盏灯光开启，对于天花板筒灯灯光的就要有选择性地进行模拟，即要体现筒灯效果，又不能把画面亮度拉得过高，结合场景墙面结构上有设计十分优美的书柜以及一些人物挂画的模型特征，因此笔者选择性地在这些墙面元素的上方利用 Target point【目标点光源】布置了几盏筒灯。

`Steps 01` 根据场景的分布关联布置目标点光源，其具体分布及在 Top【顶视图】与 Front【前视图】中的位置如图 9-38 所示。

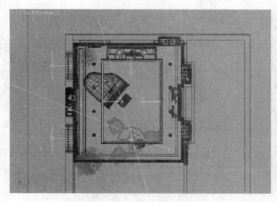
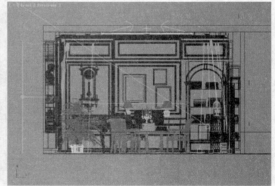

图 9-38　天花板筒灯的分布与位置

`Steps 02` 灯光均为关联复制，筒灯灯光的具体参数设置如图 9-39 所示。

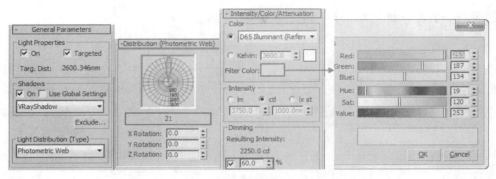

图 9-39 筒灯灯光参数设置

Steps 03 灯光的参数调整完成后，进入摄像机视图进行灯光测试渲染，得到的渲染结果如图 9-40 所示。

图 9-40 渲染结果

Steps 04 观察可以发现，场景没有中心点，下面添加灯光把桌面和钢琴部分打亮，其具体分布及在 Top【顶视图】与 Front【前视图】中的位置如图 9-41 所示。

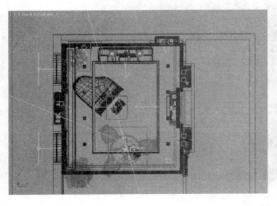
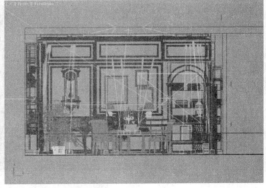

图 9-41 布置桌面和钢琴区域灯光

温馨书房

Steps 05 两个区域分别使用了不一样的灯光参数，如图 9-42 所示。

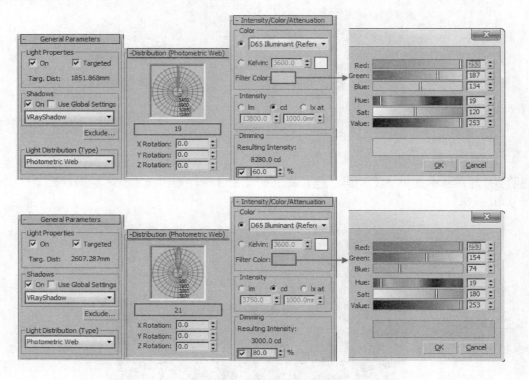

图 9-42　桌面和钢琴区域灯光参数

Steps 06 灯光的参数调整完成后，进入摄像机视图进行灯光测试渲染，得到的渲染结果如图 9-43 所示。

图 9-43　渲染效果

在布置了场景的筒灯灯光之后，渲染画面上除了灯光色彩冷暖的对比之外，筒灯光效给室内整体的灯光带来虚实的变化，至此场景主要的照明灯光均已经布置完成，接下来就完成场景中诸如台灯灯光，壁炉炉火这些灯光细节。

9.4.4 布置细节灯光

细节灯光的布置对画面整体亮度的调整是十分有限的，但对于场景画面氛围的刻画效果却是十分有效的。

Steps 01 台灯灯光由 Sphere【球灯】模拟完成，灯光在场景 Top【顶视图】与 Front【前视图】内的位置如图 9-44 所示。

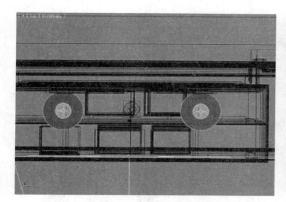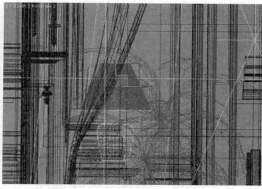

图 9-44　台灯灯光位置

Steps 02 台灯灯光的具体参数设置如图 9-45 所示。

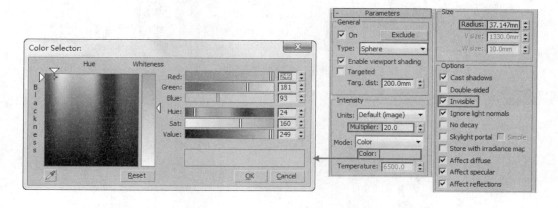

图 9-45　台灯灯光参数

Steps 03 调整完灯光参数后，返回摄像机视图进行灯光测试渲染，得到的渲染结果如图 9-46 所示。

图 9-46　渲染结果

台灯灯光制作完成后，接下来制作场景的炉火效果。

2.　炉火

炉火效果由 Plane【平面】模拟完成。

Steps 01 布置场景中的炉火灯光，其在场景 Top【顶视图】与 Front【前视图】内具体位置如图 9-47 所示。

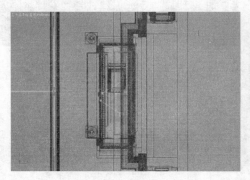 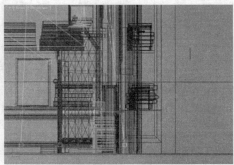

图 9-47　炉火灯光具体位置

Steps 02 该盏灯光的具体参数设置如图 9-48 所示。

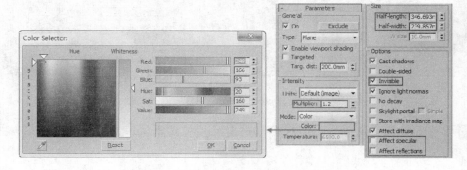

图 9-48　炉火灯光参数

Steps 03 调整好灯光的参数后，切换到摄像机视图进行灯光测试渲染，得到的渲染结果如图 9-49 所示。

图 9-49　渲染结果

布置完场景中的细节灯光后，紧接着就完成场景补光的设置，完善场景整体的灯光氛围。

9.4.5　布置补光

Steps 01 本场景中的补光在摄影机的位置处，它的主要作用是为场景提供灯光的反射丰富色彩的效果，灯光在场景中的布置如图 9-50 所示。

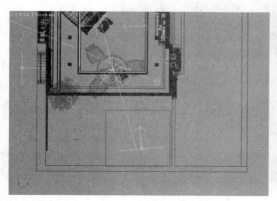 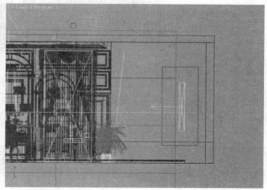

图 9-50　补光的布置

Steps 02 灯光具体参数设置如图 9-51 所示。

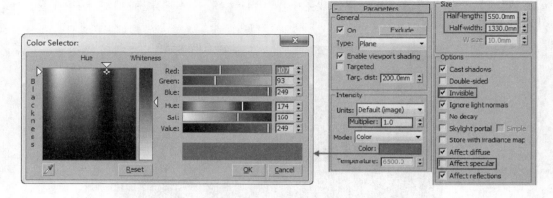

图 9-51　炉火的补光参数

Steps 03 修改完补光参数后，返回摄像机视图进行灯光测试渲染，渲染效果如图 9-52 所示。

图 9-52　渲染结果

至此场景所有的灯光布置已经完成，接下来就根据测试渲染结果进行材质上的细节调整与光子图的渲染。

9.5　细调材质灯光与最终渲染

9.5.1　细调材质灯光

Steps 01 通过 VRaymtlwrapper【VRay 包裹材质】控制地板木纹材质与墙纸材质的溢色效果，具体的材质设置如图 9-53 与图 9-54 所示。

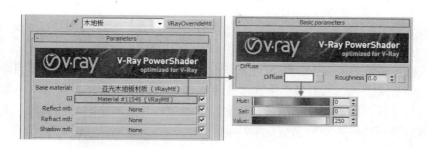

图 9-53　亚光木地板材质调整参数

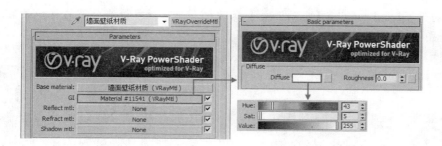

图 9-54　墙面壁纸材质调整参数

Steps 02 依次将亚光木地板、墙面壁纸材质、墙体乳胶漆材质、窗帘金色布缦材质以及桌椅木纹的材质细分值增大至 30，如图 9-55 所示。

图 9-55　修改材质细分值

Steps 03 在完成材质的细节调整后，接下来提高场景灯光的细分值，将场景中模拟月光与模拟天光的灯光细分值提高到 30，其他灯光的细分值统一提高至 24。

9.5.2 最终渲染

　　欧式风格场景最好不要利用小尺寸光子图进行成品图的渲染，这主要是因为欧式风格场景的模型细节决定的，场景模型中许多弧度优美的精细线条以及各种层次丰富建筑构件如果利用小尺寸光子图进行成品图渲染就会缺失细节，甚至产生脏旧的现象，而直接进行成品图的渲染则能较好的避免这些现象。

Steps 01 打开 Common【公用】参数面板调整好最终成品图的渲染尺寸，具体参数设置如图 9-56 所示。

Steps 02 打开 Global switch【全局开关】卷展栏，开启材质模糊效果与置换效果，具体参数设置如图 9-57 所示。

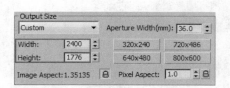

图 9-56　最终成品图的渲染尺寸

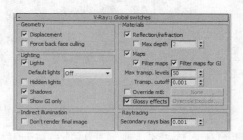

图 9-57　调整全局开关参数

Steps 03 打开 Image sampler【Antialiasing】【图像采样】卷展栏，选择 Adaptive DMC【自适应蒙特卡罗】采样器与 Mitchell-Netravali 抗锯齿过滤器，具体参数设置如图 9-58 所示。

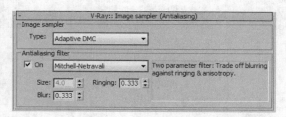

图 9-58　Image sampler（Antialiasing）卷展栏

Steps 04 调整 Irradiance map【发光贴图】与 Light cache【灯光贴图】的参数如图 9-59 所示。

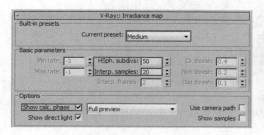

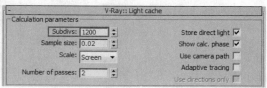

图 9-59　调整 Irradiance map【发光贴图】与 Light cache【灯光贴图】的参数

Steps 05 调整 DMC sampler【准蒙特卡罗采样】的参数，整体提高图像的采样精度，具体参数设置如图 9-60 所示。

Steps 06 调整完以上所有参数后，返回摄像机视图，按 Shift + F 键打开渲染安全框，再单击 按钮对场景进行最终成品图的渲染，渲染结果如图 9-61 所示。

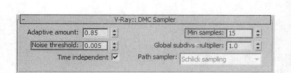

图 9-60　调整 DMC sampler【随机准蒙特卡罗采样】的参数　　　　图 9-61　　最终渲染结果

最后读者同样可以打开已经制作好的的色彩通道渲染场景进行色彩通道的制作或是直接利用渲染图像文件夹中的书房色彩通道图片进行后期图像的处理。

9.6　后期处理

Steps 01 打开 Photoshop CS 软件，分别打开渲染成品图、色彩通道图，然后选择色彩通道图按 V 键，启用移动工具将其复制至渲染成品图图像文件中，得到一个新的图层，如图 9-62 所示。

图 9-62　合并渲染成品图与色彩通道图至同一图像文件

Steps 02 选择"背景"图层，按 Ctrl + J 键将其复制一份，并关闭"色彩通道"所在的图层 1，如图 9-63 所示。

Steps 03 按 Ctrl + M 键打开【曲线】对话框，调整整体画面的亮度和对比度，如图 9-64 所示。

图 9-63　对齐色彩通道图层

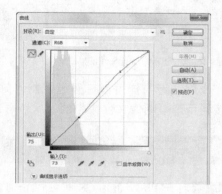

图 9-64　调整图像亮度和对比度

Steps 04 按 Ctrl＋U 键打开【色相/饱和度】对话框，调整整体画面的饱和度，如图 9-65 所示。

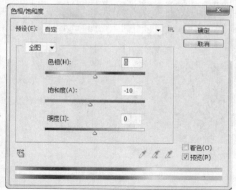

图 9-65　调整整体饱和度

Steps 05 在"图层 1"中用"魔棒"工具选择天花部分，返回"背景副本"图层，按 Ctrl+J 键复制到新图层，再使用【曲线】提高它的亮度，如图 9-66 所示。

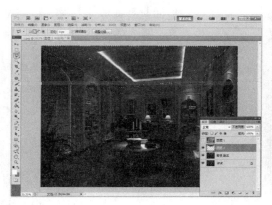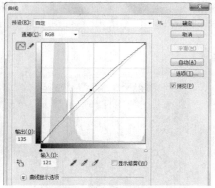

图 9-66 提高天花亮度

保持在天花图层，使用【色相/饱和度】再次降低天花的饱和度，如图 9-67 所示。

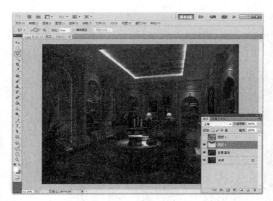

图 9-67 降低天花饱和度

Steps 07 在"图层 1"中用"魔棒"工具选择窗帘部分，返回"背景副本"图层，按 Ctrl+J 键复制到新图层，再使用【曲线】提高它的亮度，如图 9-68 所示。

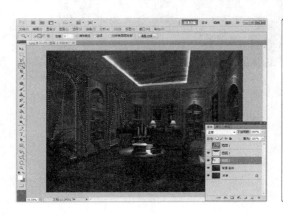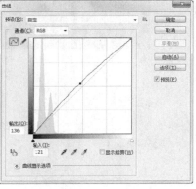

图 9-68 提高窗帘的亮度

Steps **08** 在"图层1"中用"魔棒"工具选择书柜部分,返回"背景副本"图层,按Ctrl+J键复制到新图层,再使用【色相/饱和度】降低它的饱和度,如图9-69所示。

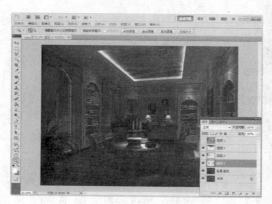 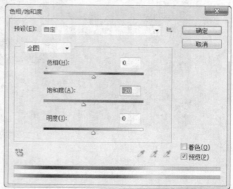

图9-69　降低书柜饱和度

Steps **09** 经过以上的处理,图像的最终效果基本已经满足我们的需求,其他细节部分可以根据读者自己的喜好来进行调节,最终效果如图9-70所示。

图9-70　最终效果

第 10 章
豪华别墅客厅

本章重点：

- 大空间场景的解读
- 花纹沙发布纹材质的制作
- VrayDispalcement Mod【Vray 置换修改器】制作地毯褶皱效果
- 大空间的布光方法及灯光设置细节
- 如何利用 Dome【半球型】VrayLight 进行大空间补光
- 大空间的后期处理

10.1 解读场景及布光思路

10.1.1 解读场景

　　本场景是一个欧式风格的复式客厅，场景的最终效果如图 10-1 所示，笔者选择了上午的阳光氛围对场景进行表现，旨在通过图像中远端与近端光线明暗的强烈变化突出复式客厅空间的整体扭转上的开阔大气。

图 10-1　最终效果

　　图像整体色调以各种石材所表现出的暖色调为主，风格奢华瑰丽，在墙面元素的处理上，使用了线条细致柔美的廊柱与照壁，并穿插了炫丽的茶镜与古典的绘画，在奢华中体现出强烈尊贵的艺术气息。

　　场景在家具配饰模型的配置上也是匠心独运，颜色沉稳、纹理大方的地毯体现了图像中的色彩对比，使得整体图像变得十分稳重，而金黄色的布纹沙发与水晶吊灯将场景空间的整体暖色调融为一体，在整体中体现灵动的变化，在变化中又能自然地回归到整体。

10.1.2 布光思路

　　本场景中的室外采光口全部集中在空间模型的右侧，如图 10-2 所示，笔者使用了 VRaysun【VRay 阳光】制作室外日光效果，考虑到大空间远离采光口的区域可能产生的采光不足，在各个采光口外布置了 Plane【平面】类型的 VRaylight 进行天光的补充，室外整体的灯光布置如图 10-3 所示。

图 10-2　室外采光口

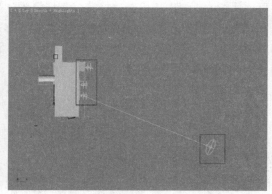

图 10-3　室外灯光的布置

对于室内的灯光的制作，本例着重制作造型复杂的天花板上的几处面光源，如图 10-4 所示，同样考虑到场景空间结构复杂的特点，笔者在本场景中设置的补光较多，既有对室内复杂的天花造型进行补光的灯光，也有对整体场景进行灯光补充的灯光，如图 10-5 所示。

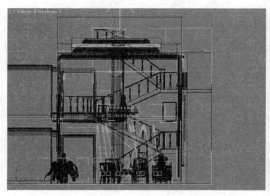

图 10-4　室内灯光布置

图 10-5　补光设置

10.2　画面构图

本场景的画面构图首先要考虑如何将复杂的场景空间整体、完整而又自然地进行捕捉，然后对考虑对场景空间的细节进行突出刻画，为了体现场景空间的宽大气势，并体现出空间前后丰富的层次感，整体的构图偏向于竖向构图。

10.2.1　布置 VRay 物理相机

对于细节众多的场景，VRay 物理相机也存在十分优秀的细节捕捉能力，本场景将使用 VRay 物理相机进行渲染，首先将场景模型切换至 Top【顶视图】，再按 F3 键将视图切入至线框显示模式，便于 VRay 物理相机位置的调整，然后选择到创建面板中的 VRay 相机创建面板，再单击 VRay 物理相机创建按钮，在场景内创建 VRay 物理相机，如图 10-6 所示。

按 L 键切入场景的左视图，调整好 VRay 物理相机的高度与摄像机目标点的位置，如图 10-7 所示，VRay 物理机相在 XYZ 三个轴向绝对坐标为 "-2280，2201，-3353" 摄像机目标的坐标则为 "-5579，14897，5989"。

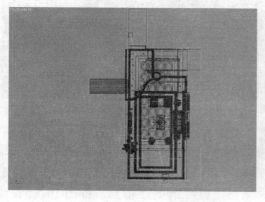 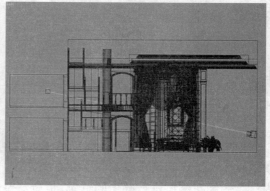

图 10-6　在顶视图内创建 VRay 物理相机　　　　图 10-7　VRay 物理相机在左视图中的位置

调整好 VRay 物理相机的高度与摄像机目标点的位置后按 C 键切换到 VRay 物理相机视图，此时的视图显示如图 10-8 所示，整体的画面显得松散缺乏紧凑感，修改 VRay 物理相机的 flimgate【片门大小】值为 27，focal length【焦长值】为 18，得到如图 10-9 所示的 VRay 物理相机视图。

10.2.2　设置渲染尺寸

观察图 10-9 中的 VRay 物理相机视图，可以发现此时画面虽然显得紧凑些，但场景中间桌椅模型并没有在视图内完整的显示，接下来就调整画面的长宽比例以修整画面的边缘效果，使得桌椅模型能完整地在视图内进行显示。

图 10-8　初始 VRay 物理相机视图　　　　　　图 10-9　调整后的摄像机视图

按 F10 键打开渲染面板选择 common【公用参数】选项卡，设置本场景的 Width【宽度】与 Height【高度】分别为 600，473，如图 10-10 所示。

　　然后在 VRay 物理相机视图内按 shift + F 组合键显示安全框，视图的显示则变化至如图 10-11 所示，可以看到通过画面长宽比例的调整，场景中的桌椅已经完整地显示在当前的 VRay 物理相机视图中，接下来进行场景材质的调整。

图 10-10　设定图面长宽比例　　　　　　　图 10-11　打开安全框

10.3　材质初步调整

　　本场景材质的调整步骤如图 10-12 所示。

图 10-12　场景材质编号

1.　地面石材材质

　　本场景的地面材质为石材材质，只是选用了不同花色的石材纹理共同完成地面整体的拼化效果，在具体的材质参数制作上笔者选择了其中的黑色亚光大理石材质为大家讲。

Steps 01 按 M 键打开材质编辑器，将材质类型转换为 VRay mtl【VRay 基本材质】，并命名为"地面黑色大理石材质"。

Steps 02 在 Diffuse【漫反射】贴图通道加载一张黑色大理石纹理贴图，并将其 Blur【模糊】参数设为 0.01，增强石材纹理显示的清晰度。

Steps 03 在 Reflect【反射】贴图通道指定 Falloff【衰减】程序贴图，并进入子层级，将 Falloff Type【衰减方式】设为 Fresnel【菲涅尔反射】类型。

Steps 04 将 Hilight glossiness【高光光泽度】设为 0.8，Refl glossiness【反射光泽度】设为 0.88 即可，模拟出亚光石材表面模糊反射效果。

Steps 05 在 Maps【贴图】卷展栏内将 Diffuse【漫反射】内的黑色大理石贴图拖曳复制至 Bump【凹凸】贴图通道，并将凹凸数值调整为 5，模拟亚光石材表现极轻微的凹凸质感，具体材质参数设置与材质球效果如图 10-13 所示。

图 10-13　地面黑色大理石材质参数与材质球效果

2. 墙面亚光石材材质

本场景墙面造型使用的是亚光石材材质，切合整体欧式风格设计的大气与华贵。

Steps 01 按 M 键打开材质编辑器，将材质类型转换为 VRay mtl【VRay 基本材质】，并命名为"墙面亚光石材材质"。

Steps 02 在 Diffuse【漫反射】贴图通道加载黄色的石材纹理贴图，并将其 Blur【模糊】参数设为 0.01，增强石材纹理显示的清晰度。

Steps 03 将 Reflect【反射】颜色通道设置为 200 的灰度，勾选 Fresnel reflections 复选框。

Steps 04 将 Hilight glossiness【高光光泽度】设为 0.82，而 Refl glossiness【反射光泽度】需要调整为 0.86。

Steps 05 在 Maps【贴图】卷展栏内将 Diffuse【漫反射】内的大理石贴图拖曳复制至 Bump【凹凸】贴图通道，完成墙面亚光石材质表面较明显的凹凸效果的制作，具体材质参数设置与材质球效果如图 10-14 所示。

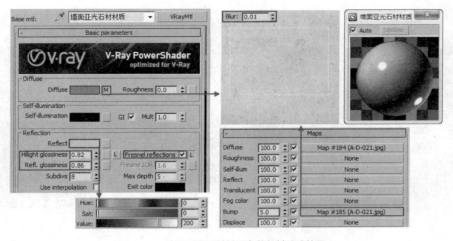

图 10-14　墙面亚光石材材质参数与材质球效果

3. 墙纸材质

欧式风格客厅的墙面通常都选用带有对应风格的花纹壁纸进行装饰。

Steps 01 按 M 键打开材质编辑器,将材质类型转换为 VRay mtl【VRay 基本材质】,并命名为"墙纸材质"。

Steps 02 壁纸的花纹效果可以通过在 Diffuse【漫反射】贴图通道加载壁纸纹理完成,然后修改其 Blur【模糊】参数为 0.01,增大纹理显示的清晰度。

Steps 03 调整 Reflect【反射】颜色通道为 5,Hilight glossiness【高光光泽度】设为 0.35,但壁纸表面不会有反射现象,因此进入 Option【选项】参数组,关闭 Trace reflect【反射跟踪】参数的勾选。

Steps 04 进入 Maps【贴图】卷展栏内将 Diffuse【漫反射】内的壁纸贴图拖曳复制至 Bump【凹凸】贴图通道,制作出壁纸表面的凹凸效果,具体材质参数设置与材质球效果如图 10-15 所示。

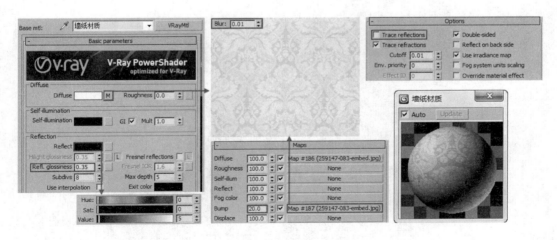

图 10-15　墙纸材质参数与材质球效果

4．墙面乳胶漆材质

乳胶漆材质的调整十分简单，在调整出对应的漫反射颜色后，处理好高光效果与反射效果即可，具体的材质参数设置与材质球效果如图 10-16 所示。

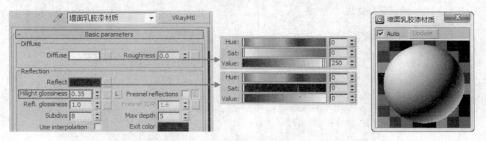

图 10-16　墙面乳胶漆材质与材质球效果

5．窗帘布缦材质

布料材质在前面的章节中已经做过多次调整，需要处理好其表面高光效果与反射效果的关系。

Steps 01 按 M 键打开材质编辑器，将材质类型转换为 VRay mtl【VRay 基本材质】，并命名为"窗帘布缦材质"。

Steps 02 为了表现布料表面的绒毛效果，首先在 Diffuse【漫反射】贴图通道内加载 Falloff【衰减】贴图，然后再在衰减参数的贴图通道内指定布纹纹理贴图，将 UV 两个方向的拼贴次数调整为 6。

Steps 03 将 Reflect【反射】颜色通道调整为 25 的灰度，然后将 Refl glossiness【反射光泽度】调整为 0.68，勾选 Fresnel reflections 复选框。

Steps 04 在 Maps【贴图】卷展栏内的 Bump【凹凸】贴图通道中加载与之前衰减贴图通道内完全一致的布纹贴图模拟布料表面的凹凸效果，具体材质参数设置如图 10-17 所示。

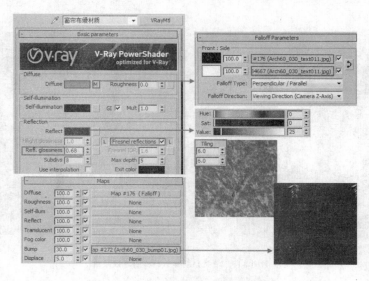

图 10-17　窗帘布缦材质参数与材质球效果

Steps 05 窗帘布缦模型的 UVW 贴图参数设置和材质球效果如图 10-18 所示。

图 10-18　窗帘布缦模型的 UVW 贴图参数和材质球效果

6.　花纹纱窗材质

类似于本例花纹纱窗的材质的特点与材质制作步骤在前面的章节中已经有过详细的讲述，笔者在本章就只罗列出具体材质参数供读者参考，如图 10-19 所示。

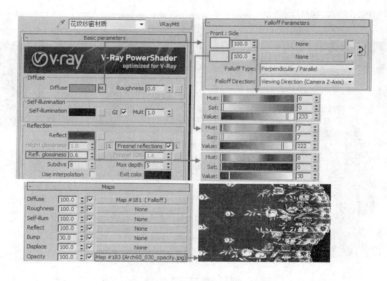

图 10-19　花纹纱窗材质参数与材质球效果

纱窗模型的 UVW 贴图参数和材质球效果如图 10-20 所示。

图 10-20　纱窗模型的 UVW 贴图参数

7. 桌椅木纹材质

木纹材质的表现重点在于其表面纹理的刻画与反射效果的制作，本场景中的桌椅模型使用了深色的亚光木纹材质，显得大方得体。

Steps 01 按 M 键打开材质编辑器，将材质类型转换为 VRay mtl【VRay 基本材质】，并命名为"桌椅木纹材质"。

Steps 02 在 Diffuse【漫反射】贴图通道加载一张纹理清晰的深色木纹贴图，并将其 Blur【模糊】参数设为 0.01，使木纹纹理显示得更为清晰。

Steps 03 木纹表面具有菲涅尔反射效果，在 Reflect【反射】贴图通道指定 Falloff【衰减】程序贴图，并进入子层级，修改 Falloff Type【衰减方式】为 Fresnel【菲涅尔反射】类型。

Steps 04 将 Hilight glossiness【高光光泽度】设为 0.8，Refl glossiness【反射光泽度】设为 0.87 即模拟出亚光木纹表面的模糊反射效果。

Steps 05 进入 Maps【贴图】卷展栏内将 Diffuse【漫反射】内的深色木纹贴图拖曳复制至 Bump【凹凸】贴图通道，具体材质参数设置与材质球效果如图 10-21 所示。

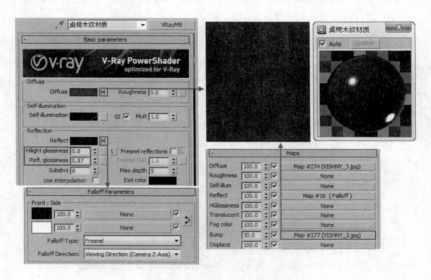

图 10-21　桌椅木纹材质参数与材质球效果

8. 沙发布纹材质

本例中的沙发模型使用的是金色的布纹材质，在材质的调整步骤上与窗帘布缦材质是一致的，但此处的沙发布纹表面设置了较强凹凸效果，目的在于模拟出布纹表面花纹较强的立体感，具体的材质参数与材质球效果如图 10-22 所示。

1. 客厅地毯材质

地毯是整体设计风格的一个重要表现点，本例使用了颜色沉稳，纹理大方的地毯材质，并使用 VRay displacementMod【VRay 置换修改器】细致刻画地毯的褶皱效果。

Steps 01 按 M 键打开材质编辑器，将材质类型转换为 VRay mtl【VRay 基本材质】，并命名为"客厅地毯材质"。

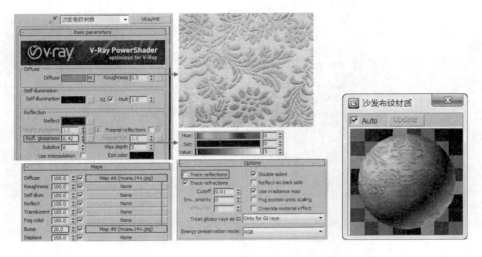

图 10-22　沙发布纹材质参数与材质球效果

Steps 02 为了表现地毯表面的绒毛效果，首先在 Diffuse【漫反射】贴图通道内加载 Falloff 【衰减】贴图，然后再在衰减参数的贴图通道内指定地毯纹理贴图。

Steps 03 将 Reflect【反射】颜色通道调整为 5 的灰度，并将 Hilight glossiness【高光光泽度】 设为 0.38，勾选 Fresnel reflections 复选框。

Steps 04 进入 Maps【贴图】卷展栏内的 Bump【凹凸】贴图通道，加载同一张地毯花纹贴 图进行材质表面凹凸效果的制作，具体材质参数设置与材质球效果如图 10-23 所示。

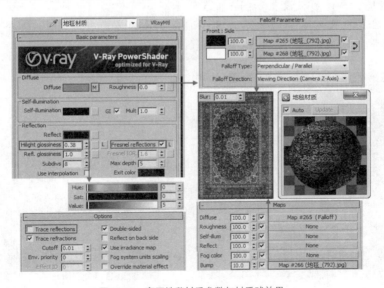

图 10-23　客厅地毯材质参数与材质球效果

Steps 05 选择地毯模型，为其添加 VRay displacementMod【VRay 置换修改器】命令，然后 将 Bump【凹凸】贴图通道中的位图拖曳复制到 Texture 按钮上，在弹出的复制关系的对话 框中，选择关联复制，并将 Amount【数量】参数值调整到 20，完成 VRay displacementMod 【VRay 置换修改器】命令的使用，如图 10-24 所示。

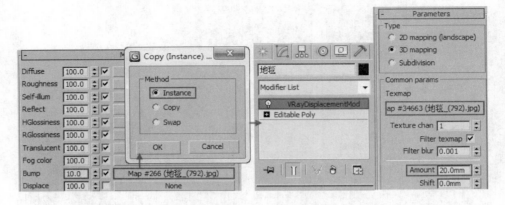

图 10-24　完成 VRay displacementMod【VRay 置换修改器】参数的设置

10.4　设置场景灯光

10.4.1　设置测试渲染参数

Steps 01 在灯光布置之前，首先设置较低的测试渲染参数以提高该过程的效率，按 F10 键打开渲染面板，进入 Renderer【渲染器】选项卡，首先对 V-Ray:: Frame buffer （VRay 帧缓存）卷展栏进行调整，具体参数设置如图 10-25 所示。

Steps 02 在开启了 VRay 帧缓存之后，为了避免资源的浪费应该在 Common 公用参数面板中将 3ds max 自带的帧缓存关闭，具体参数设置如图 10-26 所示。

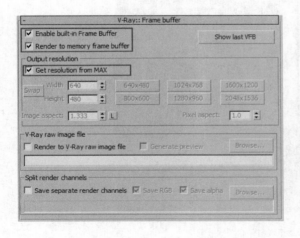

图 10-25　开启 VRay 帧缓存

图 10-26　取消 3ds max 默认帧缓存

Steps 03 整体调整渲染品质以便更快捷地查看测试渲染效果，各卷展栏具体参数设置如图 10-27 所示。

图 10-27　设置测试渲染参数

其他未标示的参数保持默认即可，接下来进行场景室外灯光的布置。

10.4.2　布置 VRaySun【VRay 阳光】

Steps 01 对于 VRaySun【VRay 阳光】的具体使用方法，前面的章节中已经做过多次讲解，这里就不再赘言，VRaySun【VRay 阳光】在 Top【顶视图】与 Front【前视图】中的位置如图 10-28 所示。

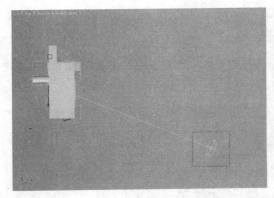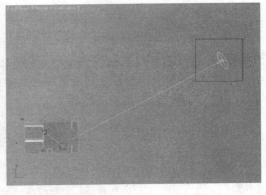

图 10-28　VRaySun【VRay 阳光】的位置

Steps 02 确定好灯光的位置与高度后，就进入参数面板，修改灯光的参数如图 10-29 所示。

Steps 03 调整完以上的灯光参数后，进入摄像机视图对场景进行灯光测试渲染，得到的渲染结果如图 10-30 所示。

图 10-29　太阳光参数

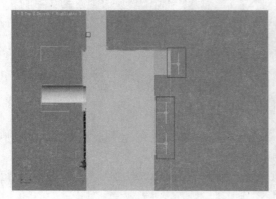

图 10-30　渲染效果

接下来笔者将在采光口处设置天光补光，对画面亮度进行提升。

10.4.3　布置天光补光

Steps 01 天光补光由 Plane【平面】类型的 VRaylight【VRay 灯光】进行模拟，其在 Top【顶视图】与 Front【前视图】中的位置如图 10-31 所示。

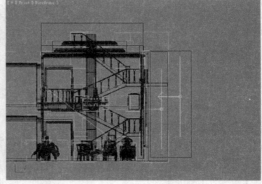

图 10-31　天光补光具体位置

Steps 02 补光的大小参考采光口的面积而定，其具体参数设置如图 10-32 所示。

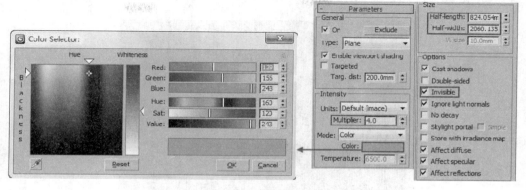

图 10-32　补光参数

Steps 03 选择创建的灯光以复制的方法复制出另三盏 VRayLight 灯光，位置如图 10-33 所示。

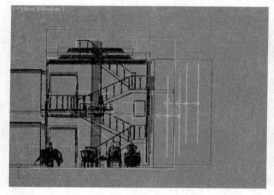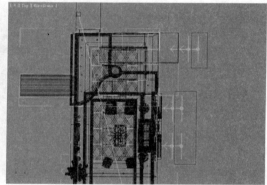

图 10-33　复制灯光

Steps 04 灯光位置调整完毕后，选择复制的灯光，进入修改命令面板，调整其参数如图 10-34 所示。

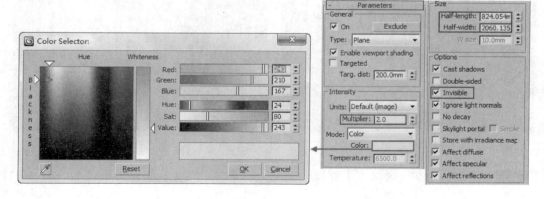

图 10-34　灯光参数

Steps 05 补光参数设定完成后，返回 VRay 物理相机视图进行灯光测试渲染，得到的渲染结果如图 10-35 所示。

图 10-35　渲染结果

观察图 10-35 所示的渲染结果可以发现，通过天光补光的设定，采光口呈现的室外亮度已经正确体现了上午的室外光感，但此时室内的亮度仍然没有大的改善，接下来设置场景室内灯光提升室内亮度。

10.4.4　布置室内灯光与补光

1.　布置吊顶灯槽灯光

Steps 01 由于场景表现上午的阳光效果，因此笔者只选择制作了天花板吊顶上的光槽灯光，该处的光源同样由 Plane【平面】类型的 VRaylight【VRay 灯光】进行模拟，其在 Top【顶视图】与 Front【前视图】中的位置如图 10-36 所示。

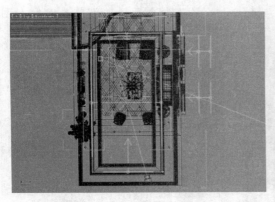

图 10-36　室内面光源具体位置

Steps 02 灯光的大小同样参考光槽的大小进行制作即可，灯光的具体参数设置如图 10-37 所示。

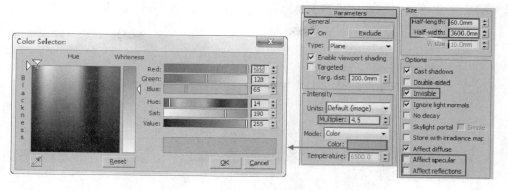

图 10-37　灯光参数

Steps 03 完成以上的灯光参数调整后，切入 VRay 物理相机视图进行灯光测试渲染，渲染结果如图 10-38 所示。

图 10-38　渲染结果

Steps 04 可以看到，此时灯槽虽然有了发光效果，但对场景室内亮度提高的影响却没有体现，接下来在吊顶中心布置一盏灯光，模拟灯槽灯光对室内的照明作用，该处灯光由 Plane【平面】类型的 VRaylight【VRay 灯光】进行模拟，其在 Top【顶视图】与 Front【前视图】中的位置如渲染结果如图 10-39 所示。

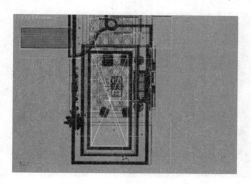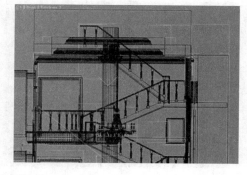

图 10-39　灯光位置

Steps 05 灯光的位置调整好后，再调整灯光的具体参数设置如图 10-40 所示。

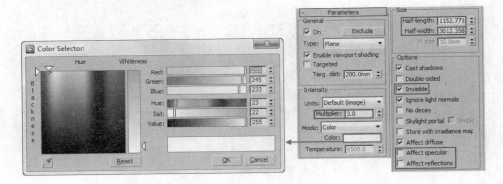

图 10-40　灯光参数

Steps 06 修改完灯光参数后，返回摄像机视图进行灯光测试渲染，渲染结果如图 10-41 所示。

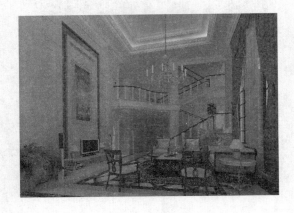

图 10-41　渲染结果

Steps 07 在如图 10-42 所示的位置处布置 Traget point【目标点光源】，为场景的中心位置增添灯光的变化。

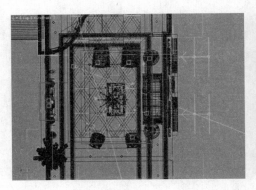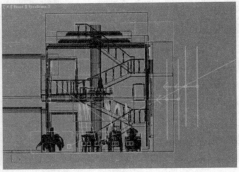

图 10-42　布置目标点光源

Steps 08 灯光的位置调整好后，再调整灯光的具体参数设置如图 10-43 和图 10-44 所示。

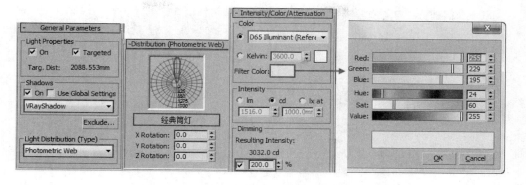

图 10-43　背景墙射灯参数

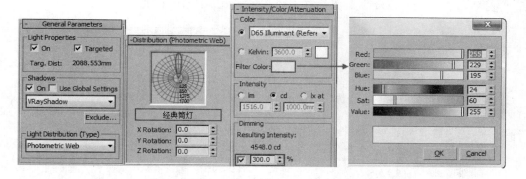

图 10-44　沙发区域灯光参数

Steps 09 修改完灯光参数后，返回摄像机视图进行灯光测试渲染，渲染结果如图 10-45 所示。

图 10-45　灯光效果

2．布置室内补光

Steps 01 为场景添加天花的补光，在 Top【顶视图】与 Front【前视图】中的位置布置平面光如图 10-46 所示。

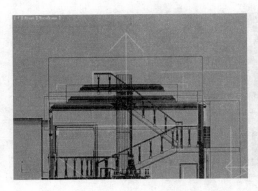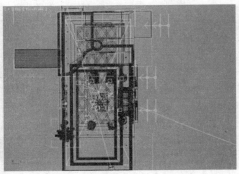

图 10-46　补光位置

Steps 02 灯光的位置调整好后，调整灯光的具体参数如图 10-47 所示。

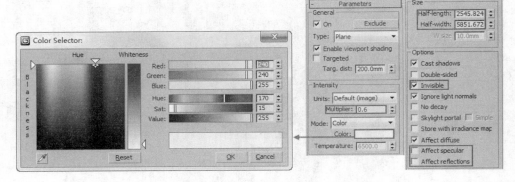

图 10-47　灯光参数

Steps 03 灯光的参数调整完成后，返回 VRay 物理相机视图对场景进行灯光测试渲染，渲染结果如图 10-48 所示。

图 10-48　渲染结果

至此场景所有的灯光布置已经完成，接下来进行材质细调与最终渲染。

10.5 材质细调与最终渲染

10.5.1 材质细调

Steps 01 通过使用 VRayoverrideMtl【VRay 代理材质】对场景中的深色的墙面亚光石材材质与壁纸材质进行溢色的控制，其具体的参数设置如图 10-49 所示。

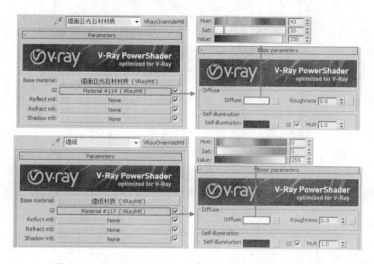

图 10-49 使用 VRayoverrideMtl【VRay 代理材质】控制色溢

Steps 02 增大场景材质的细分值，依次将墙面亚光石材材质、墙纸材质、窗帘布缦材质、花纹纱窗材质、桌椅木纹材质以及沙发布纹材质细分值增大至 24，如图 10-50 所示。

图 10-50 修改材质细分值一

Steps 03 为了使复杂的吊顶模型的渲染效果干净整洁，将其细分值提高到 30，同时将地毯材质的细分值提高到 30，如图 10-51 所示。

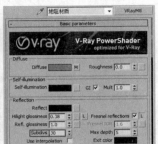

图 10-51　修改材质细分值二

10.5.2　最终渲染

Steps 01 提高场景灯光的细分值，选择场景中的 VRaysun【VRay 阳光】调整其阴影细分值为 30，如图 10-52 所示。

Steps 02 场景中所有的 VRaylight【VRay 灯光】的细分值统一修改为 24 即可，接下来进行最终渲染参数的设置。首先调整好最终成品图的渲染尺寸，具体的参数设置如图 10-53 所示。

图 10-52　增大 VRay 阳光阴影细分值　　　　　图 10-53　最终成品图的渲染尺寸

Steps 03 按 F10 键打开渲染面板，进入 Renderer【渲染器】选项卡打开 Global switch【全局开关】卷展栏，开启材质模糊效果与置换效果，具体参数调整如图 10-54 所示。

Steps 04 打开 Image sampler（Antialasing）【图像采样】卷展栏，选择 Adaptive QMC【自适应蒙特卡罗】采样器与 Mitchell-Netravali 抗锯齿过滤器，具体的参数调整如图 10-55 所示。

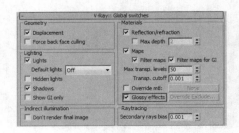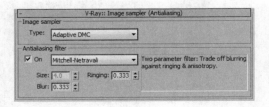

图 10-54　调整 Global switche【全局开关】卷展栏参数　　图 10-55　Image sampler【Antialasing】【图像采样】卷展栏

Steps 05 由于场景吊顶模型复杂的缘故，在调整 Irradiance map【发光贴图】的参数时，笔者对其中的 Hsph.subdivs【半球细分值】与 Interp.samplers【插补细分值】的设定分别设置到了极高的 100 与 50，以保证吊顶模型的渲染效果整洁干净，其他参数的设置则没有大的变化，具体的参数设置如图 10-56 所示。

Steps 06 对于 Light cache【灯光贴图】的参数在 Subdivs【细分值】上也设置了较高的 1500，具体参数设置如图 10-57 所示。

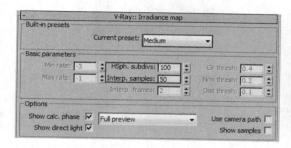

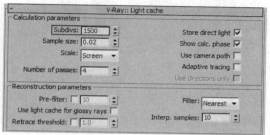

图 10-56 Irradiance map【发光贴图】参数　　　　图 10-57 Lightcache【灯光贴图】参数

Steps 07 整体提高场景 Irradiance map【发光贴图】与 Light cache【灯光贴图】的参数后，便调整 DMC sampler【准蒙特卡罗采样】的参数，整体提高图像的采样精度，其具体参数设置如图 10-58 所示。

Steps 08 调整完以上所有参数后，按 C 键返回 VRay 物理相机视图，对场景进行最终渲染，渲染结果如图 10-59 所示。

图 10-58 调整 DMC sampler【准蒙特卡罗采样】的参数　　　图 10-59 最终渲染效果

10.6 后期处理

Steps 01 打开 Photoshop CS 软件，分别打开渲染成品图、色彩通道图，然后选择色彩通道图按 V 键启用移动工具将其复制至渲染成品图图像文件中，得到一个新的图层，如图 10-60 所示。

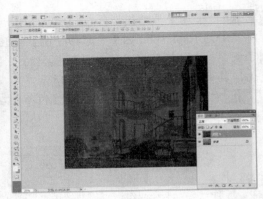

图 10-60 合并渲染成品图与色彩通道图至同一图像文件

Steps 02 选择"背景"图层，按 Ctrl+J 键将其复制一份，并关闭"色彩通道"所在的图层1，如图 10-61 所示。

图 10-61 对齐并关闭色彩通道层

Steps 03 执行"图像"→"调整"→"亮度/对比度"，在弹出来的对话框中设置对比度的值为 50，如图 10-62 所示。

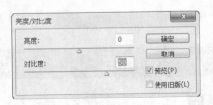

图 10-62 调整整体图像对比度

Steps 04 按 Ctrl+M 键打开【曲线】对话框，调整整体画面的亮度和对比度，如图 10-63 所示。

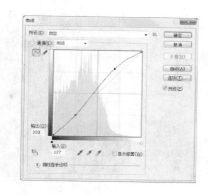

图 10-63　调整图像亮度和对比度

Steps 05 调整场景的局部区域，在"图层 1"中用"魔棒"工具选择大理石墙面部分，返回"背景副本"图层，按 Ctrl+J 键复制到新图层，再使用【色相/饱和度】调整它的颜色，如图 10-64 所示。

图 10-64　调整大理石色相

Steps 06 在"图层 1"中用"魔棒"工具选择壁纸部分，返回"背景副本"图层，按 Ctrl+J 键复制到新图层，再使用【色相/饱和度】降低它的饱和度，如图 10-65 所示。

图 10-65　降低壁纸饱和度

Steps 07 在"图层 1"中用"魔棒"工具选择沙发木纹部分，返回"背景副本"图层，Ctrl+J 键复制到新图层，再使用【曲线】和【色相/饱和度】工具调整它的颜色和亮度，如图 10-66 所示。

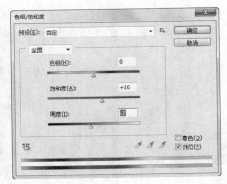

图 10-66　调整沙发椅子的色彩和亮度

Steps 08 在"图层 1"中用"魔棒"工具选择窗帘盒沙发布纹部分，返回"背景副本"图层，按 Ctrl+J 键复制到新图层，再使用【色相/饱和度】工具降低它的饱和度，如图 10-67 所示。

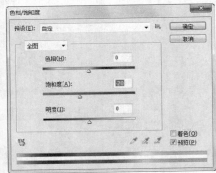

图 10-67　降低窗帘和沙发布纹饱和度

Steps 09 经过以上的处理，图像的最终效果基本已经满足我们的需求，其他细节部分可以根据读者自己的喜好来进行调节，最终效果如图 10-68 所示。

图 10-68　最终效果

第11章

户型鸟瞰图

本章重点:

- 📖 户型图灯光的特点
- 📖 户型图模型的特别处理
- 📖 各类材质特点的综合回顾
- 📖 VRay 线框贴图的应用
- 📖 户型图后期处理特点

11.1 解读场景及布光思路

11.1.1 解读场景

作为本书最后一个教学案例，本章在模型的选用上与之前所有的实例有很大的不同，观察可以发现笔者表现了一个复杂户型图效果，旨在通过这样一个综合有客厅、卧室等空间的场景对室内效果图表现中材质特点，空间布光等特点做出总结从而为全书的教学划上一个圆满的句号，如图 11-1 所示为最终效果。

打开本书配套光盘中如图 11-2 所示的户型图白模文件，可以发现场景模型是比较复杂的，面对这样一个多层次多空间的场景模型，难免使人觉得完成它的材质调整与灯光布置将会是一个艰巨的工程，复杂的模型会相应地增大工作量，但再大再复杂的室内空间也是由地面、墙面、顶棚以及家具这四大元素构成，因此在场景的材质调整上可以采取对这四个元素各个击破的方法，化整为零保持耐心与信心逐步完成，就能避免毫无方寸手忙脚乱的现象了。

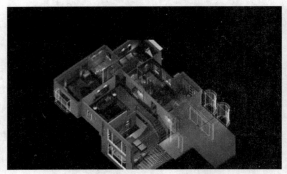

图 11-1　案例最终效果

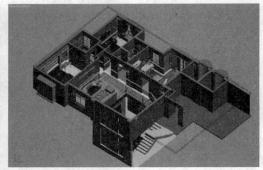

图 11-2　户型图白模文件

对于这种多空间并存场景模型的灯光的布置首先要把握"光厅暗房"的灯光总则，即客厅空间显得明亮大方，其他空间相对则要暗一些，如最终效果图。就灯光布置的具体操作而言，仍采用先布置好室外灯光确定场景的大体时间氛围，再逐次将各个空间的室内灯光完善，最后形成整体灯光效果的流程。

11.1.2 布光思路

由于场景模型涵盖了多个空间，因此整体的采光口十分多，如图 11-3 所示，在场景表现的时间氛围上选择了月夜的氛围，原因有两点：一是夜景可以尽可以能地把空间内的灯光开启，完整展示空间的灯光设计；二是对于高节奏的现代生活，能在家中安静享受生活的时间大多在夜里，由于户型图针对的是购房业主，表现夜景氛围会倍感亲切。

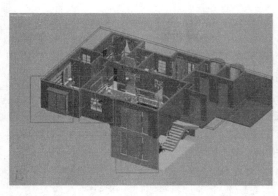
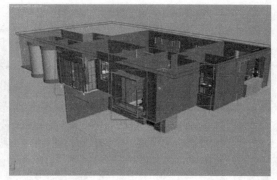

图 11-3　场景的采光口

在场景的室外灯光布置上，对月光的模拟使用了 Target directional light【目标平行灯光】，对环境天光的模拟仍使用 Plane【平面】类似的 VRayLight，如图 11-4 所示。

由于模型空间的复杂性场景的室内光源数量比较多，如图 11-5 所示，但大部分是采用 Traget point【目标点光源】模拟房间内的筒灯效果，在灯光的创建与参数的调整上大家也已经相当熟悉，因此布置起来并不难，更多的是需要有耐心进行调整，此外还利用了 Omini【泛光灯】制作台灯效果以及利用 Plane【平面】类似的 VRayLight 进行顶棚效果的模拟。

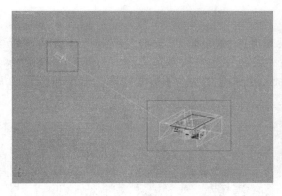
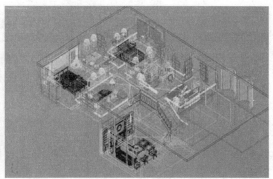

图 11-4　场景室外布光　　　　　　　图 11-5　场景室内布光

11.2　画面构图

户型图的表现意义在于清楚地展示房屋的空间划分，画面构图因此显得比较特别，首先在摄像机的位置上采用了类似室外效果图表现中常用的俯视位置，这样对模型的空间观察就显得一目了然，而在画面长宽比的选择上则要尽量保证空间结构原有比例与展示的完整性。

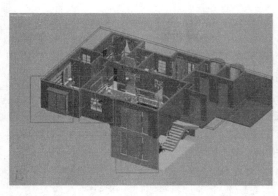

户型鸟瞰图

11.2.1 布置摄像机

Steps 01 将场景模型切换至 Top【顶视图】，为了观察摄像机位置以及其与场景模型的相对空间关系按 F3 键将视图切入至线框显示模式，然后单击 Target【目标】按钮，在场景的 Top【顶视图】内创建一盏目标摄像机，如图 11-6 所示。

Steps 02 切入场景的左视图，对摄像机的高度与摄像机目标点的位置进行调整，摄像机最终的绝对坐标为"19215，-35221，20693"，摄像机目标的坐标为"1844，-20179，-15138"，其在左视图中的位置如图 11-7 所示。

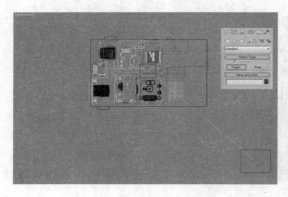 

图 11-6　在 Top【顶视图】内创建目标摄像机　　　　图 11-7　摄像机在左视图中的位置

Steps 03 调整完摄像机的位置后，按 C 键切换到摄像机视图，此时的透视效果如图 11-8 所示，可以看到模型的显示完整，但并没有将视图的整体空间利用充分，对场景所必需的细节构造显示得就不清晰了，因此修改摄像机的 Lens【镜头值】为 58.246，拉近摄像机的镜头，得到的如图 11-9 所示的摄像机视图。

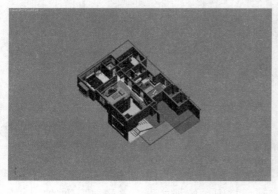 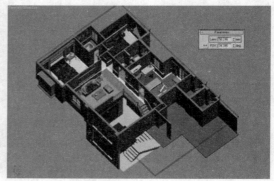

图 11-8　初始摄像机视图　　　　　　　　图 11-9　调整后的摄像机视图

11.2.2 设置渲染尺寸

Steps 01 对场景的渲染尺寸进行设定，按 F10 键打开渲染面板选择 common【公用参数】

选项卡，设置本场景的 Width【宽度】与 Length【长度】分别为 600，450，如图 11-10 所示。

Steps 02 设定完场景的渲染长宽比例后再按 shift+F 键，显示安全框，在视图显示调整好的构图比例，如图 11-11 所示。

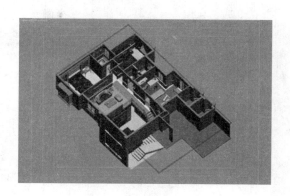

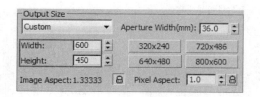

图 11-10　设定图面长宽比例

图 11-11　打开安全框

11.3　材质的初步调整

本场景材质的调整次序如图 11-12 所示。

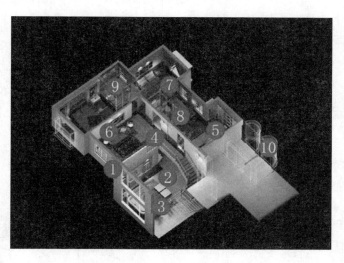

图 11-12　材质编号

1.　墙面乳胶漆材质

本场景内外两侧的墙体使用的均是乳胶漆材质，在材质的调节上与之前章节中的乳胶漆材质并没有太大的区别，对高光效果的制作与反射跟踪的取消仍是需要注意的细节，材质的具体参数与材质球效果如图 11-13 所示。

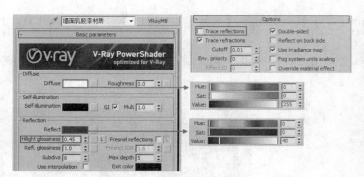

图 11-13　墙面乳胶漆材质参数与材质球效果

2.　底层玻化砖材质

场景底层地面使用的是玻化砖材质，该类材质的特点与光滑大理石材质特点一致，这里主要介绍在户型图这种并不需要十分逼真的材质细节画面制作时如何快速制作地砖拼缝效果的方法，如图 11-14 所示，在 Diffuse【漫反射】使用的地砖纹理贴图的左侧与下方利用 Photoshop 软件添加一条细小的黑边即可，这样在较远距离的视角观察下，黑色的边缘自然就会形成类似地砖拼缝的效果。

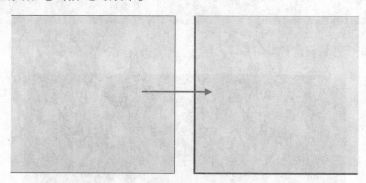

图 11-14　给地砖贴图添加黑边

Steps **01** 底层玻化砖材质具体的材质参数如图 11-15 所示。

Steps **02** 底层地面模型的 UVW 参数设置和材质球效果如图 11-16 所示。

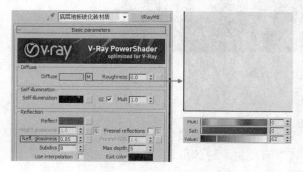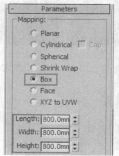

图 11-15　底层玻化砖材质具体的材质参数　　　　图 11-16　底层地面 UVW 参数和材质球效果

3. 底层客厅地毯材质

由于户型图表现的距离原因，在地毯材质的制作上就不需要有太多细节进行表现了，在 Diffuse【漫反射】与 Bump【凹凸】贴图加载一张清晰的地毯纹理贴图即可，具体材质参数如图 11-17 所示。

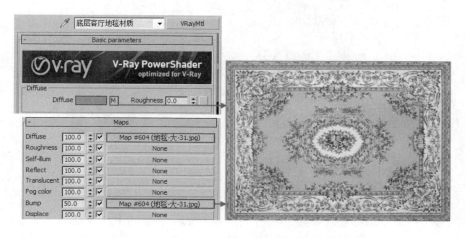

图 11-17　底层客厅地毯材质参数

底层客厅地毯模型的 UVW 贴图参数和材质球效果如图 11-18 所示。

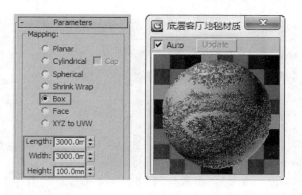

图 11-18　客厅地毯的 UVW 参数和材质球效果

4. 楼梯及二层地板木纹材质

在表现木纹材质时对漫反射贴图的选择是相当的重要的，首先木纹颜色的选择要根据场景的整体氛围而定，此外贴图的亮度要均衡，木纹纹理的形状与走向也要显得自然清晰；另外就是对木纹的反射能力的刻画，光滑清漆木纹反射最强，亚光木纹就要弱一些，实木木纹基本上就没有反射能力了，与此对应的木纹表面凹凸效果的表现了，越光滑的木纹凹凸效果越弱，抓住以上几点就能表现好木纹材质了，本场景中的楼梯及二层地板木纹材质具体参数与材质球效果如图 11-19 所示。

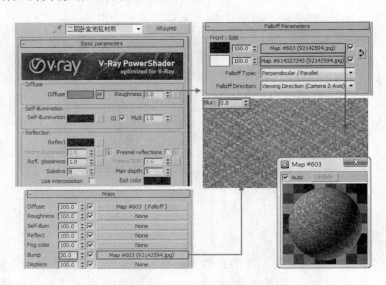

图 11-19　楼梯及二层地板木纹材质及材质球效果

5.　二层卧室地毯材质

地毯材质对于表面颜色及花纹的选择同样需要根据场景的主体风格而定，此外地毯的绒毛细节，高光细节以及凹凸效果则可以根据其离摄像机的远近进行灵活的加强或弱化表现，本场景由于是观察距离较远的户型图表现，对地毯的高光细节进行忽略表现以加快渲染速度，其具体的材质参数与材质球效果如图 11-20 所示。

图 11-20　二层卧室地毯材质参数与材质球效果

6.　二层客厅沙发材质

沙发材质与地毯材质类似，对表面颜色及花纹的选择要灵活的根据场景的氛围而定，对于其反射效果即可以通过参数进行调整，也可以利用特定的黑白位图进行模拟，本场景二层客厅沙发就选择了利用黑白位置制作反射细节，其具体材质参数与材质球效果如图 11-21 所示。

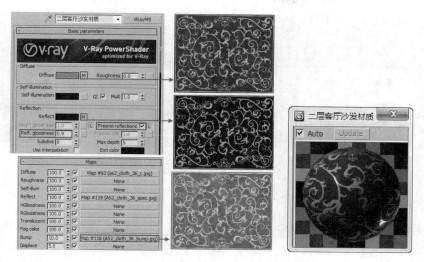

图 11-21　二层沙发材质参数与材质球效果

7．浴室马赛克材质

马赛克材质兼具防水防滑的特点，因此常用于卫浴空间，在材质的制作上首先要注意的漫反射贴图的选择以决定马赛克材质的颜色，大小及拼贴效果，在反射细节上则可以参考亚光的大理石材质，最后就是凹凸效果的制作了，一般使用漫反射贴图即可，本场景中马赛克材质具体参数与材质球效果如图 11-22 所示。

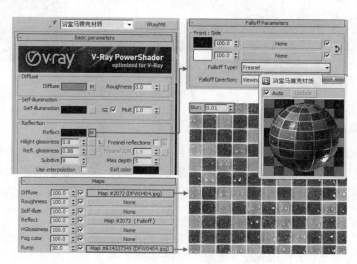

图 11-22　马赛克材质具体参数与材质球效果

8．浴缸陶瓷材质

陶瓷材质表现明亮光洁，因此其漫反射颜色通道常为白色，在反射上则需要制作出菲涅尔反射效果，此外由于陶瓷都是非常光滑的，因此反射光泽度参数一般设置在 0.9 以上，本场景中的浴缸陶瓷材质参数与材质球效果如图 11-23 所示。

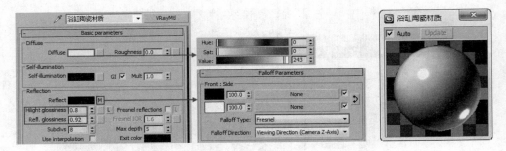

图 11-23　浴缸陶瓷材质参数与材质球效果

9.　洁具不锈钢材质

不锈钢材质是 VRay 渲染器中表现最为逼真的材质，但其材质参数的调整却十分简单，首先通过反射颜色通道调整其反射能力，然后再调整反射模糊度决定其是镜面不锈钢效果还是磨砂不锈钢效果即可，本场景中洁具不锈钢材质的具体参数与材质球效果如图 11-24 所示。

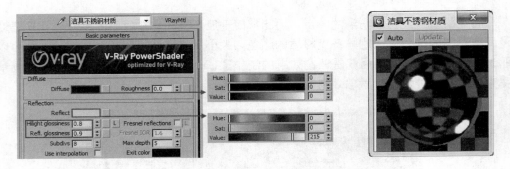

图 11-24　洁具不锈钢材质的参数与材质球效果

10.　透明线条材质

透明线条材质常用于户型图的制作，它在显示出物体模型的整体形态的同时又不会对其它物体进行遮挡，因此在其他类型的效果图的制作时，遇到上述情形时也可以大胆加以利用，该材质参数的调整上并没有特别之处，主要是利用了 VRayEdgesTex【VRay 线框】贴图。

Steps 01 按 M 键打开材质编辑器，选择一个空白材质球，并命名为"透明线条材质"。

Steps 02 打开 Shader basic Parameters【基本明暗参数】卷展栏，勾选 Wire【线架】参数。

Steps 03 将 Diffuse【漫反射】贴图通道调整为纯白色，并将 Self-illumination【自发光】参数值设为 100。

Steps 04 在 Opacity【透明】贴图内加载 VRayEdgesTex【VRay 线框】贴图，并将其颜色修改为 RGB 值均为 255 的纯白色，具体的材质参数与材质球效果如图 11-25 所示。

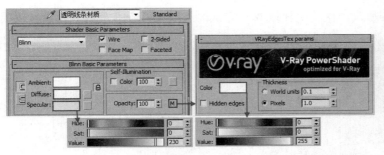

图 11-25　透明线条材质参数与材质球效果

　　到这里笔者总结了约十余种材质的表面特点，涵盖了乳胶漆材质、各种石材材质、布纹材质等室内效果图表现最为常用的材质，在室内效果图的表现中对于材质的调整我们要学会触类旁通，材质表面的特点总结起来是十分有限的，通常只有纹理特性、表面反射能力、表面光滑度以及透明与否等，对于这些特点都有所对应的参数进行控制，因此把握好材质特点与对应参数关系，然后不断进行测试调整，无论什么样的材质都能在 VRay 渲染器内得到比较理想的表现。

11.4　设置场景灯光

　　对于户型图灯光的布置，可以将复杂的整体模型简化的看成一个模型，只是它的采光口数量，室内灯光数量有所增加而已，区别于材质调整化整为零的策略，对于场景灯光的布置则要化零为整，同样将分为室外灯光、室内灯光及补光三部分，这样灯光的布置流程就显得清晰得多，首先完成的是测试渲染参数的设置。

11.4.1　设置测试渲染参数

Steps 01 按 F10 键打开渲染面板，进入 Renderer【渲染器】选项卡，首先对 V-Ray:: Frame buffer 进行调整，具体参数设置如图 11-26 所示。

Steps 02 在开启了 VRay 帧缓存之后，为了避免资源的浪费应该在 Common 公用参数面板中将 3ds max 自带的帧缓存关闭，具体参数设置如图 11-27 所示。

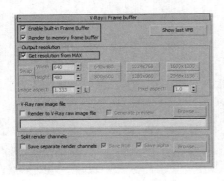

图 11-26　开启 VRay 帧缓存　　　　　　　　图 11-27　取消 3ds max 默认帧缓存

Steps 03 整体调整渲染品质，以便更快捷地查看测试渲染效果，各卷展栏具体参数设置如图 11-28 所示。

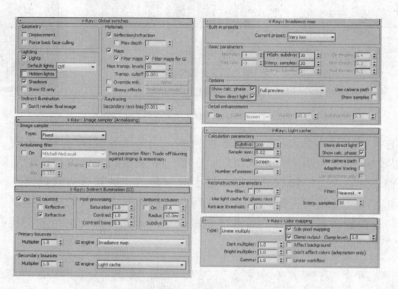

图 11-28　设置测试渲染参数

其他未标示的参数保持默认即可，接下来我们就来布置场景的室外月光效果。

总结一下本书前面实例章节中模拟室外主光所使用的灯光类型主要是 VRaysun【VRay阳光】与 Sphere【球型】的 VRaylight，这两种灯光都是 VRay 渲染器所提供的，本场景的室外月光同样可以使用 Sphere【球型】的 VRayligh 完成，但为了让大家多方位地学习灯光类型的使用与布置方法以应对实际工作中各种不可预知的情况，笔者在本场景的室外月光的模拟上使用了 3ds max 系统自带的 Target directional light【目标平行光】。

Steps 04 将场景切换到 Top【顶视图】，然后进入灯光创建面板单击 Traget directional【目标平行光源】，在视图中的左上方向右下拖曳创建出一盏灯光，如图 11-29 所示。

Steps 05 切入 Left【左视图】内的位置调到灯光的高度如图 11-30 所示。

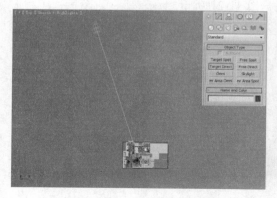

图 11-29　创建 Traget directional【目标平行光源】

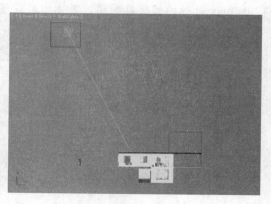

图 11-30　灯光在左视图中的位置

Steps 06 灯光的位置调整完成后，选择灯光进行修改命令面板，调整灯光的具体参数如图 11-31 所示。

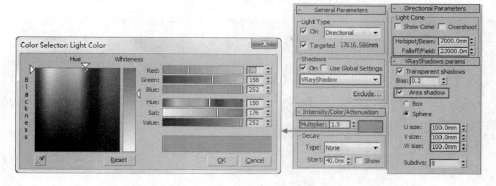

图 11-31　Traget directional【目标平行光源】灯光参数

Steps 07 灯光的参数调整完成后，返回摄像机视图，对场景进行灯光测试渲染，渲染效果如图 11-32 所示。

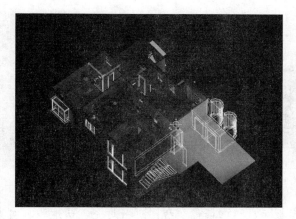

图 11-32　VRaySun【VRay 天光】渲染效果

观察如图 11-32 所示的渲染效果，浅浅的月色透过场景右侧的窗洞进入室内形成的蓝色光影效果十分理想，但此时场景由于没有布置天光，场景的整体轮廓非常模糊，而室内光线也比较昏暗，空间的整体布局与材质效果都得不到体现，因此接下来布置场景的天光，提高场景亮度。

11.4.2　布置室外天光

场景模型的采光口虽然多，但在室外天光的制作上还是一样的，由 Plane【平面】类型的 VRaylight 进行模拟。

Steps 01 为了节省灯光布置的时间，面对数量众多的采光口笔者采用了化零为整的方法，只在场景的左右两侧和上方各布置了一盏面积较大的灯光进行天光的模拟，如图 11-33 所示。

Steps 02 在户型图的制作中，由于场景空间的进深非常大，室内整体的亮度与灯光氛围都会显得柔弱，在场景的正上方布置一盏天光能自然的加强场景空间的亮度与整体的灯光氛围，同时单独排除顶棚模型的照明与投影的效果，参数调整如图 11-34 所示。

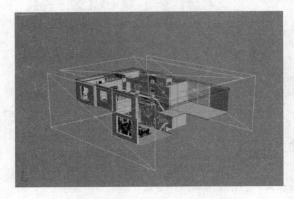

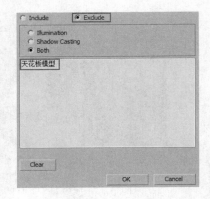

图 11-33　布置场景天光

图 11-34　排除顶棚模型的照明与投影

Steps 03 三盏天光一致的灯光颜色与其他参数设置如图 11-35 所示。

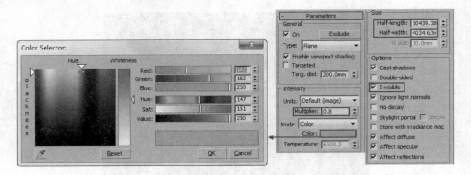

图 11-35　天光参数

Steps 04 调整好灯光参数后，返回摄像机视图进行灯光测试渲染，渲染效果如图 11-36 所示。

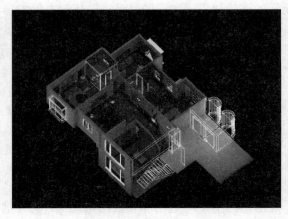

图 11-36　渲染结果

观察如图 11-36 所示的渲染结果，明显可以感觉其在场景的整体轮廓、室内布局等效果上的改变，但此时画面整体颜色只有月光的蓝色而且灯光整体的亮度十分平均，缺少色彩与明暗上的对比，接下来就布置各个室内空间的灯光，逐步制作出灯光在颜色与明暗上的对比效果。

11.4.3 布置室内灯光

室内灯光总体分为三部分：上下两层客厅的顶棚吊灯灯光，室内筒灯以及包括卧室的台灯灯光在内的其他局部灯光效果，首先布置完成室内的吊灯效果。

1. 布置室内吊灯

Steps 01 室内吊灯灯光的模拟采用 Plane【平面】类型的 VRaylight 进行模拟，首先将场景切换到 Top【顶视图】，然后参考两个客厅的空间大小，创建两盏 VRaylight，如图 11-37 所示。

Steps 02 切换到 Left【左视图】，调整好两盏灯光的高度，如图 11-38 所示。

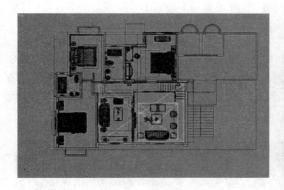

图 11-37 布置室内吊灯灯光

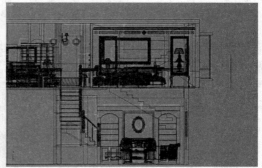

图 11-38 调整室内吊灯灯光高度

Steps 03 吊灯灯光首先要体现"光厅暗房"的灯光亮度效果，同时也要体现与室外灯光冷暖色调对比的效果，其具体参数设置如图 11-39 所示。

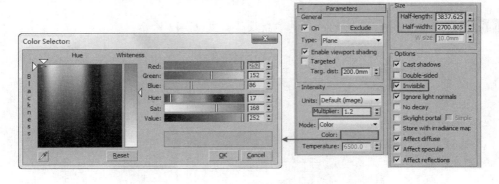

图 11-39 吊灯灯光参数

Steps 04 调整好吊灯灯光的参数后，返回摄像机视图，对场景进行灯光测试渲染，得到的渲染结果如图 11-40 所示。

图 11-40　渲染结果

观察如图 11-40 所示的渲染可以发现渲染图像内已经体现"光厅暗房"的灯光亮度对比效果，图像的层次感也开始清晰起来，接下来布置场景室内的筒灯效果。

2. 布置室内筒灯

Steps 01 室内筒灯的数量比较多，在布置的过程中首先要确定其准确位置，它们总的位置分布十分有规律：场景模型的第一层只有客厅的电视背影墙上有两盏筒灯，其他则分布在场景模型的第二层，分别处于壁灯模型与各空间的装饰画上方。掌握了这个分布规律，室内筒灯的布置就可以按部就班地顺利完成了，室内筒灯整体的分布情况如图 11-41 所示。

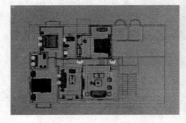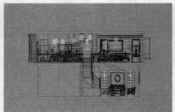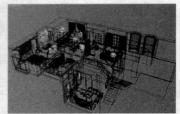

图 11-41　室内筒灯整体分布

Steps 02 第一层电视背景墙灯光的具体参数设置如图 11-42 所示。

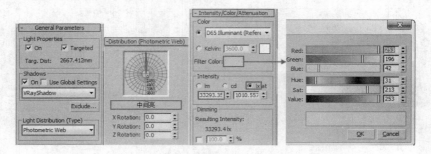

图 11-42　电视背景墙灯光参数

Steps 03 其他位置的室内筒灯灯光的具体参数设置如图 11-43 所示。

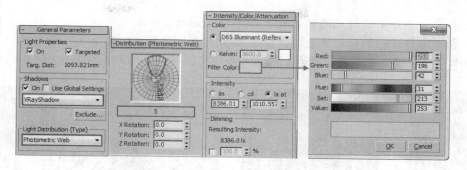

图 11-43　其他位置灯光参数

Steps 04 灯光的参数调整完成后，返回摄像机视图对场景进行灯光测试渲染，渲染结果如图 11-44 所示。

图 11-44　渲染结果

室内筒灯布置完成后，本场景看似艰难的灯光布置就只有包括室内台灯在内的一些局部灯光没有布置完成了，接下来利用 Omini【泛光灯】制作场景的台灯灯光效果。

3．布置室内其他灯光

Steps 01 场景剩下的其他灯光全部分布在场景模型第二层的空间内，其具体如图 11-45 所示。

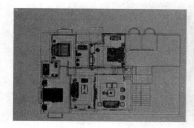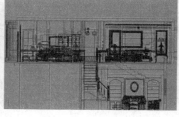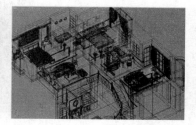

图 11-45　室内台灯灯光分布

Steps 02 这些灯光的类型虽然全部为泛光灯，但参数设置却不像筒灯灯光一样统一，不同空间需要不同的台灯光线进行氛围的烘托，这其中绝大部分的灯光都没有开启阴影参数，主要原因是为了使灯光的衰减效果能十分明显地在画面中有所体现，此外关闭这些数量众多的局部灯光阴影效果也能使渲染画面更为干净整洁，接下来就逐个完成不同空间台灯参数的调整，首先是二层右侧的主人房灯光，其具体的灯光分布如图 11-46 所示。

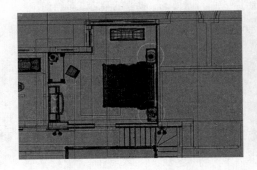

图 11-46　二层右侧的主人房灯光分布

Steps 03 可以发现这其中包括两盏床头台灯灯光，四盏书柜灯光以及一盏书桌台灯灯光，在灯光的参数上两盏床头台灯一致，由于这两盏灯光的衰减范围已经超越了其右侧的墙体，为了避免其对墙外物体产生错误的照明效果，这盏灯光必需开启阴影参数，并将主人房台灯灯罩排除阴影，其具体参数设置如图 11-47 所示，另外五盏灯光的参数如图 11-48 所示。

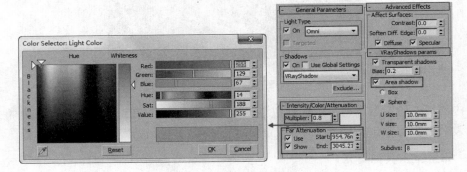

图 11-47　床头台灯灯光参数

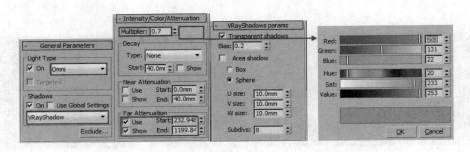

图 11-48　灯光参数

Steps 04 场景二层右侧卫生间及另一间卧室的灯光分布如图 11-49 所示。

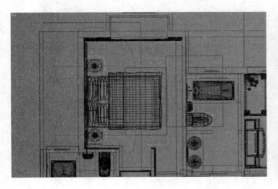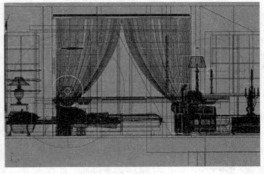

图 11-49　灯光分布

Steps 05 卫生间灯光具体参数设置如图 11-50 所示，卧室灯光的具体参数设置如图 11-51 所示。

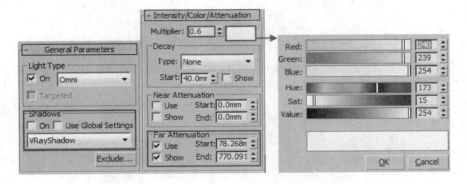

图 11-50　卫生间灯光参数

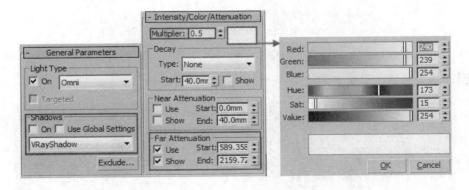

图 11-51　卧室灯光参数

Steps 06 场景二层左侧客厅灯光的分布如图 11-52 所示。

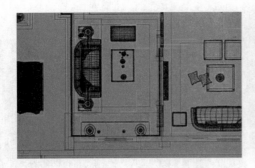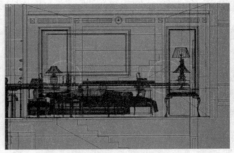

图 11-52　左侧客厅灯光分布

Steps 07 其中沙发两侧的台灯灯光参数如图 11-53 所示，边柜台灯灯光参数如图 11-54 所示。

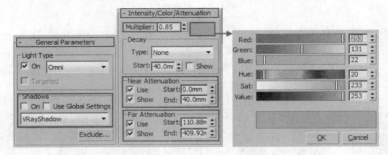

图 11-53　沙发两侧的台灯灯光参数

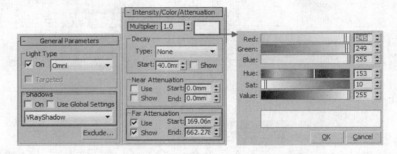

图 11-54　边柜台灯灯光参数

Steps 08 场景二层左侧卧室的灯光分布如图 11-55 所示。

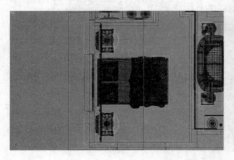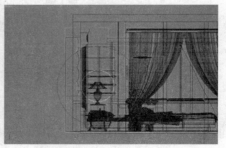

图 11-55　二层左侧卧室的灯光分布

Steps 09 这个空间内只布置了床头台灯，其灯光的具体参数设置如图 11-56 所示。

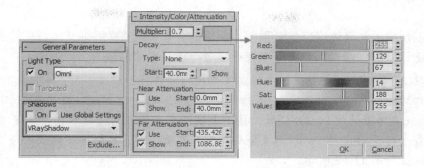

图 11-56　床头台灯灯光参数

Steps 10 场景看似复杂的灯光布置也已经完成，切入摄像机视图再次进行灯光测试渲染，渲染结果如图 11-57 所示。

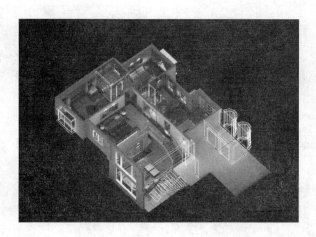

图 11-57　渲染结果

　　观察如图 11-57 所示的渲染结果，在整体蓝色月光的氛围下，室内灯光明暗交替的同时与室外月光又产生了冷暖对比，场景模型的空间布局与层次感都十分清晰明了，接下来就进行场景材质的细节调整与光子图渲染。

11.5　材质细调与最终渲染

11.5.1　材质细调

　　本场景由于摄像机采用的是俯视视角，各个空间的观察距离都比较远，过高的细分参数设置也难以体现细节的完整，因此只将所有进行过材质参数讲解的材质的细分值提高到20，而其他材质则保持原有的细分值，这样就可以在保证了相对高的渲染质量的同时不增加不必要的渲染时间。

11.5.2 最终渲染

户型图渲染的是整体模型的全景图，模型结构与家具的材质细节通过直接渲染成品图才能得到比较好的保留，因此接下来就直接进行成品图的渲染。

Steps 01 提高场景灯光的细分值，选择场景中模拟室外月光的 Traget directional light【目标平行光】将其细分值提高到 30，而场景中其他灯光的细分值则统一提高至 20 即可。

Steps 02 修改完场景的灯光细分值后，接下来就设置成品图的渲染参数，按 F10 键打开渲染面板，首先打开 Global switches【全局开关】卷展栏，开启材质模糊效果与置换效果，具体参数设置如图 11-58 所示。

Steps 03 打开 Image sampler（Antialiasing）【图像采样】卷展栏，选择 Adaptive QMC【自适应蒙特卡罗】采样器与 Mitchell-Netravali 抗锯齿过滤器，如图 11-59 所示。

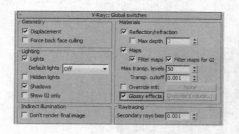
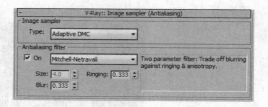

图 11-58　调整 Global switches【全局开关】卷展栏参数　　图 11-59　Image sampler（Antialiasing）【图像采样】卷展栏

Steps 04 调整 Irradiance map【发光贴图】与 Light cache【灯光贴图】的参数如图 11-60 所示。

图 11-60　调整 Irradiance map【发光贴图】与 Light cache【灯光贴图】的参数

Steps 05 打开 DMC sampler【准蒙特卡罗采样】卷展栏，整体提高图像的采样精度，其具体参数设置如图 11-61 所示。

Steps 06 调整好最终成品图的渲染尺寸，其具体参数设置如图 11-62 所示。

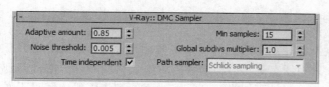

图 11-61　调整 DMC sampler【准蒙特卡罗采样】的参数　　　　图 11-62　最终成品图的渲染尺寸

Steps 07 调整完以上所有参数后返回摄像机视图，按Shift+F键打开渲染安全框，再单击 按钮对场景进行最终渲染，渲染效果如图 11-63 所示。

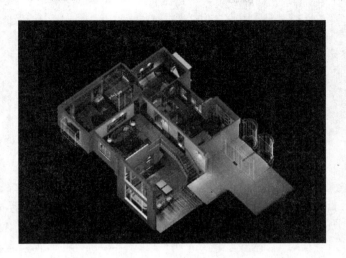

图 11-63　最终渲染效果

户型图的色彩通道仍然可以通过常规的方法制作，这里就不再赘言。

11.6　后期处理

Steps 01 打开 Photoshop CS 软件，分别打开渲染成品图、色彩通道图，然后选择色彩通道图，按 V 键启用移动工具将其复制至渲染成品图图像文件中，得到一个新的图层，如图 11-64 所示。

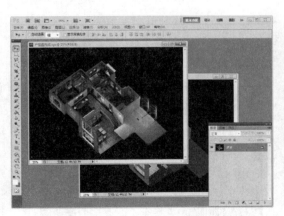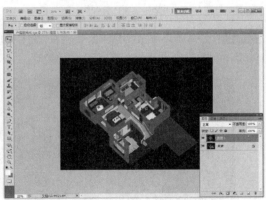

图 11-64　合并渲染成品图与色彩通道图至同一图像文件

Steps 02 色彩通道图的正确使用还需利用移动工具将其与渲染成品图完全对齐，然后单击该图层前的 按钮，暂时关闭该图层，如图 11-65 所示。

图 11-65　对齐色彩通道图层

Steps 03 在室内效果图的后期处理中，首先要调整的是图像的整体色彩的明度，选择背景图层，再按 Ctrl+J 键将其复制到一个新的图层，然后单击图层调板下方的 ⬤. 按钮，在弹出的窗口中选择"色阶"命令，如图 11-66 所示，然后调整其参数如图 11-67 所示。

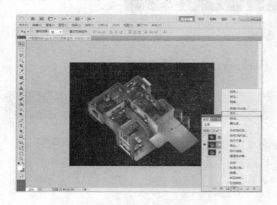

图 11-66　选择色阶调整

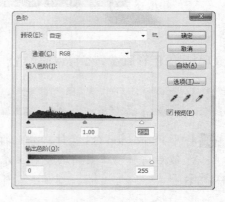

图 11-67　色阶参数

Steps 04 通过色阶调整可以使图像的整体颜色变得明亮，图像在色彩上的效果改变如图 11-68 所示。

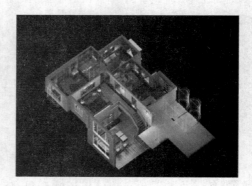

图 11-68　调整色阶对图像的影响

Steps 05 单击图层调板下方的 ⬤. 按钮，在弹出的窗口中选择"曲线"调整，调整曲线的形态如图 11-69 所示。

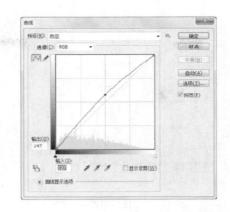

图 11-69 调整曲线

Steps 06 曲线调整前后图像的效果变化如图 11-70 所示，对于图像亮度的提升是十分有效且自然的。

图 11-70　调整曲线对图像的影响

Steps 07 调整完成图像的色阶与亮度后，按 Alt+Ctrl+Shift+E 组合键将当前的图层元素合并至新的图层 2，如图 11-71 所示。

Steps 08 利用色彩通道图与魔棒工具选择图像中墙体区域，如图 11-72 所示。

图 11-71　合并图层元素至新图层　　　　　　图 11-72　选择图像中的墙体

Steps 09 保持当前选区再单击图层调板下方的 ◯ 按钮，在弹出的窗口中选择 "色相/饱和度"，对墙体颜色进行细节上的调整，使其显得更为自然，具体的参数设置如图 11-73 所示。

图 11-73　色相/饱和度参数设置

Steps **10** 经过以上的调整，图像中墙体颜色上产生的改变如图 11-74 所示。

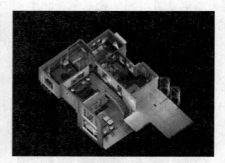

图 11-74　画面效果的改变

Steps **11** 观察此时的图像可以发现，图像一层中的客厅灯光的亮度还可以进行一些提升，同样先利用色彩通道与魔棒工具，将图像一层的地板选择出来，如图 11-75 所示。

Steps **12** 保持当前选区再单击图层调板下方的  按钮，在弹出的窗口中选择"亮度/对比度"，提高一层地板区域的亮度，具体的参数设置如图 11-76 所示，注意观察此时的图层顺序。

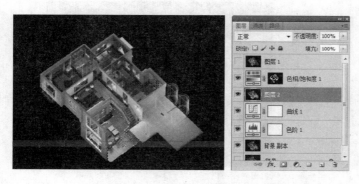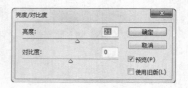

图 11-75　选择一层地板选区　　　　　　　　　图 11-76　亮度/对比度参数

Steps **13** 通过亮度/对比度参数的调整，图像中一层地板区域的亮度改变如图 11-77 所示。

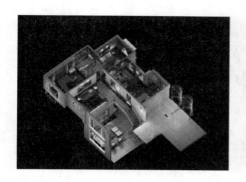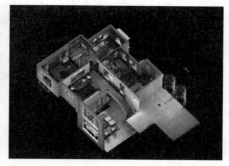

图 11-77　调整一层地板亮度

Steps 14 按下 Alt+Ctrl+Shift+E 组合键将当前的图层元素合并至新的图层 3，如图 11-78 所示。

Steps 15 为了使得远景图像的线条更为硬朗以及对加深细节表现，为图片添加 USM 锐化滤镜，调节其具体参数如图 11-79 所示。

图 11-78　合并图层元素至图层 3　　　　　　　　图 11-79　USM 锐化参数

Steps 16 将图层 3 的图层模式修改为变亮模式，完成场景的最终效果如图 11-80 所示。

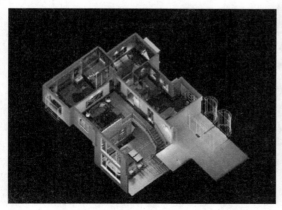

图 11-80　最终效果